便捷服务的工具：
自动识别技术

刘　静◎著

中国水利水电出版社

www.waterpub.com.cn

·北京·

内 容 提 要

近年来,随着科学技术的不断发展,自动识别技术也在不断的发展和创新,现已形成人脸识别、指纹识别、声音识别、射频识别、条码识别等为主要代表的自动识别技术,不仅提高了人们的工作效率,而且成为人们生活中便捷服务的有效手段和工具。

本书主要针对几种典型的自动识别技术展开讨论,主要内容包括:条码识别技术、射频识别技术、图像识别技术、人脸识别技术、语音识别技术、指纹识别技术、其他生物特征识别技术等。

本书结构合理,条理清晰,内容丰富新颖,是一本值得学习研究的著作,可供自动识别行业相关企业、管理部门的读者参考。

图书在版编目(CIP)数据

便捷服务的工具:自动识别技术/刘静著. —北京:中国水利水电出版社,2019.1(2024.10重印)

ISBN 978-7-5170-7332-1

Ⅰ.①便… Ⅱ.①刘… Ⅲ.①自动识别 Ⅳ.①TP391.4

中国版本图书馆 CIP 数据核字(2019)第 009797 号

书　　名	便捷服务的工具:自动识别技术 BIANJIE FUWU DE GONGJU:ZIDONG SHIBIE JISHU
作　　者	刘　静　著
出版发行	中国水利水电出版社 (北京市海淀区玉渊潭南路 1 号 D 座 100038) 网址:www.waterpub.com.cn E-mail:sales@waterpub.com.cn 电话:(010)68367658(营销中心)
经　　售	北京科水图书销售中心(零售) 电话:(010)88383994、63202643、68545874 全国各地新华书店和相关出版物销售网点
排　　版	北京亚吉飞数码科技有限公司
印　　刷	三河市元兴印务有限公司
规　　格	170mm×240mm　16 开本　16.75 印张　217 千字
版　　次	2019 年 4 月第 1 版　2024 年 10 月第 4 次印刷
印　　数	0001—2000 册
定　　价	82.00 元

前　言

自动识别作为电子信息技术领域的重要产业之一，随着经济全球化和信息技术的日新月异，已在全球范围内迅速蓬勃发展。我国经济的持续高速增长和电子信息技术应用的普及，为自动识别技术在国民经济的各个领域、行业和地区的广泛应用创造了前所未有的市场空间，促进了产业规模的不断扩大。

生物识别技术在深入推广应用单一的生物特征识别系统的同时，为克服其实际应用中会出现的各种生理障碍性演变，研究应用多模态生物特征识别技术系统，以提高身份识别系统的准确性、可靠性和适用性；为避免生物特征信息的丢失或被不法移作他用而出现的风险，研究开发生物特征识别技术与密码技术相结合的生物特征加密技术；结合网络技术，应用研究生物特征识别技术系统中特征信息采集、提取后，终端设备的验证集中由网络服务器进行，以提高系统安全性和可管理性。

本书对生物特征识别技术进行了全面的阐述，力图使读者对生物识别技术的发展有一个整体和全面的了解，在写作中力求保证其系统性和先进性。全书共分 8 章，主要内容包括自动识别技术认知、条码识别技术、射频识别技术、图像识别技术、人脸识别技术、语音识别技术和指纹识别技术，在最后一章，对一些最新的生物特征识别技术作了较全面的介绍，包括虹膜识别技术、人耳识别产品、掌形识别产品、指静脉识别技术、步态识别技术和DNA 识别技术。通过本书，读者可以从技术与应用的角度，全面、系统地了解生物识别技术。

本书的撰写凝聚了作者的智慧、经验和心血，在撰写过程中参考并引用了大量的文献，在此向这些作者表示衷心的感谢。由于作者水平有限以及时间仓促，书中难免存在一些不足和疏漏之处，敬请广大读者和专家给予批评指正。

作　者

2018 年 10 月

目 录

第1章　自动识别技术概述

现代高效快捷的社会生活中,自动识别技术与每个人的联系也日益紧密,无论是你到超市采购商品、乘公交车刷卡,还是你所使用的银行卡以及身份证,都有自动识别技术的应用,自动识别技术已经广泛地应用于商业流通、物流、邮政、交通运输、医疗卫生、航空、图书管理、电子商务、电子政务等多个领域,并成为物联网的主要支撑技术之一。

1.1　识别和自动识别的概念

1.1.1　识别的概念

识别是人类参与社会活动的基本要求。人们认识和了解事物的特征及信息就是一种识别,为有差异的事物命名是一种识别,为便于管理而为一个单位的每一个人或一个包装箱内的每一件物品进行编号也是一种识别。因此,识别是一个集定义、过程与结果于一体的概念。

随着技术的进步和发展,人们所面临的识别问题越来越复杂,完成识别所花费的人力代价也越来越大,在某些情况下,必须借助一些设备和技术才能完成更高效、更快速和更准确的识别,这就用到了自动识别技术。

1.1.2 自动识别的概念

自动识别(Automatic Identification,Auto-ID)技术是指通过非人工手段获取被识别对象所包含的标识信息或特征信息,并且不使用键盘即可实现数据实时输入计算机或其他微处理器控制设备的技术。

下面我们从几个不同的角度对其特征进行定义。

(1)综合技术概念

自动识别技术是以传感器技术、计算机技术和通信技术为基础的一门综合性科学技术,是集数据编码、数据采集、数据标识、数据管理、数据传输于一体的信息数据自动识读、自动输入计算机的重要方法和手段,是一种高度自动化的信息或者数据采集与处理技术。

(2)应用设备概念

自动识别技术是应用一定的识别装置,通过被识别物品和识别装置之间的接近活动,自动地获取被识别物品的相关信息,并提供给后台的计算机处理系统来完成相关后续处理的一种技术。例如,商场的条码扫描系统就是一种典型的自动识别技术,售货员通过条码阅读器扫描条码,获取商品的代码信息,然后将代码信息传送到后台来获取商品的名称、价格,在 POS 终端即可计算出该批次商品的价格,从而完成顾客所购买商品的结算。

(3)技术系统概念

自动识别技术是一个以传感器技术、信息处理技术为主的技术系统,最主要的目的是提供一个快速、准确地获得信息的有效手段,其处理的结果可作为管理工作的决策信息或自动化装置等技术系统的控制信息。

(4)自动采集概念

在信息处理系统早期,相当部分的数据处理都是通过人工录入的,这样的录入方法不仅数据量十分庞大、操作者的劳动强度高,而且人为产生错误的概率也相应较高,造成录入的数据不准确,使得对这些数据的分析失去了实时的意义。

为了解决这些问题,人们研究和发展了各种自动识别技术,将操作者从繁重而又重复,且十分不准确的手工输入劳动中解放出来,提高了系统输入信息的实时性和准确性,这就是自动识别技术的目的(主要解决的问题)。

(5)多种技术概念

自动识别技术包括条码识别技术、射频识别技术、磁卡识别技术、IC 卡识别技术、图像识别技术、光字符识别技术、生物特征识别技术(指纹识别、人脸识别、虹膜识别、语音识别)等多种自动识别技术方法和手段。

1.2 自动识别技术的分类及研究领域

1.2.1 自动识别技术的分类

自动识别技术根据识别对象的特征、识别原理和方式可以分为两大类,分别是数据采集技术(定义识别)和特征提取技术(模式识别)。这两大类自动识别技术的基本功能是一致的,都是完成物品的自动识别和数据的自动采集。

1. 定义识别

定义识别是赋予被识别对象一个 ID 代码,并将此 ID 代码的载体(条码、射频标签、磁卡、智能卡等)放在要被识别的对象上进行标识,通过对载体的自动识读获得原 ID 代码,然后通过计算机实现对对象的自动识别。

2. 模式识别

模式识别(Pattern Recognition)是指对表征事物或现象的各

种形式的（数值的、文字的和逻辑关系的）信息进行处理和分析，以对事物或现象进行描述、辨认、分类和解释的过程，即通过采集被识别对象的特征数据，并通过与计算机存储的原特征数据进行特征比对，实现对对象的自动识别。模式识别是信息科学和人工智能的重要组成部分。

所谓模式是指被判别的事件或过程，可分为抽象的和具体的两种形式。前者如意识、思想、议论等，属于概念识别研究的范畴，是人工智能的另一研究分支；后者指具体的物理实体，如文字、图片等。

模式识别研究主要集中在两方面，一是研究生物体（包括人）是如何感知对象的，属于认识科学的范畴；二是在给定的任务下，如何用计算机实现模式识别的理论和方法。前者是生理学家、心理学家、生物学家和神经生理学家的研究内容；后者通过数学家、信息学专家和计算机科学工作者近几十年的努力，已经取得了系统的研究成果。

一个计算机模式识别系统基本上由四部分组成，即信息获取、预处理、特征参数提取和分类决策或模型匹配，其具体的结构如图 1-1 所示。

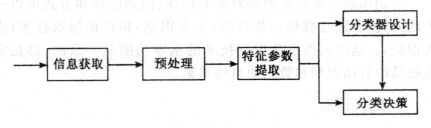

图 1-1　模式识别系统的基本结构

①数据获取。任何一种模式识别方法首先都要通过传感器把被研究对象的各种物理变量转换为计算机可以接受的数值或符号（串）集合。习惯上称这种数值或符号（串）所组成的空间为模式空间。

②预处理。为了从上述这些数值或符号（串）中抽取对识别

有效的信息,必须对它们进行处理,其中包括消除噪声、排除不相干的信号、与对象的性质和采用的识别方法密切相关的特征的计算(如表征物体的形状、周长、面积等)以及必要的变换(如为得到信号功率谱所进行的快速傅里叶变换)等。

③特征参数提取。通过特征参数的选择和提取或基元选择形成模式的特征空间,以后的模式分类或模型匹配就在特征空间的基础上进行。

④分类决策。分类决策就是在特征空间中用统计方法把被识别对象归为某一类别。基本做法是在样本训练集的基础上确定某个判决规则,使按这种判决规则对被识别对象进行分类所造成的错误识别率最小或引起的损失最小。

模式识别系统的输出或者是对象所属的类型,或者是模型数据库中与对象最相似的模型编号,针对不同的应用目的,这几部分的内容可以有很大的差别,特别是在数据处理和识别这两部分。为了提高识别结果的可靠性,往往需要加入知识库(规则),以对可能产生的错误进行修正,或通过引入限制条件,大大缩小待识别模式在模型库中的搜索空间,以减少匹配计算量。在某些具体应用中,如机器视觉,除了要给出被识别对象是什么物体外,还要给出该物体所处的位置和姿态,以引导机器人的工作。

1.2.2　自动识别技术的研究领域

自动识别技术是一门包括条码技术、射频识别技术、人体生物特征识别、磁条(卡)及智能卡识别、图像识别等内容的新兴学科。可以预料,随着科学技术的飞速发展与市场多样化的需求,自动识别技术的研究领域还将不断得到拓展。

1. 条形码技术

条形码技术(Bar Code)是在计算机技术与信息技术基础上发展起来的一门集编码、印刷、识别、数据采集和处理于一体的技术。条形码是由一组规则排列的条、空及与之对应的数字组成，这种用条、空构成的编码符号可以供机器识读，而且很容易译成二进制数和十进制数。这些条和空可以由各种不同的组合方法构成不同的图形符号，即各种符号体系，也称码制，适用于不同的应用场合。条形码有一维条码与二维条码之分，二维条码是在一维条码无法满足实际应用需求的前提下产生的。与一维条码不同的是，二维条码在水平和垂直方向均表示数据信息。二维条码除具备一维条码的优点外，同时还具有信息容量大、可靠性高、可表示汉字及图像等多种信息、保密防伪性强等优点。

2. 射频识别技术

射频识别（Radio Frequency Identification，RFID）技术是一种以电磁理论为基本原理，对标签具有读写能力的识别技术。射频系统的优点是不局限于视线，识别距离比光学系统远，识别卡具有读写能力，可携带大量数据，难以伪造和具有一定智能等。

3. 磁条（卡）技术

磁条（卡）技术（MBR）以物理学和磁力学理论为基本原理。磁条就是一层薄薄的由定向排列的铁性氧化粒子组成的材料，用树脂黏合在一起并粘在诸如纸或塑料等非磁性基片上。磁条（卡）技术的优点是数据能现场读写，数据存储量能满足大多数情况需要，使用方便，成本低廉，磁条能依附于不同规格和形式的基材上。

4. 智能卡

智能卡（Smart Card）又称集成电路卡，即 IC 卡（Integrated Circuit Card）。它将一个集成电路芯片镶嵌于塑料基片中，封装成卡的形式，其外形与覆盖磁条的磁卡相似。它一出现，就以其超小的体积、先进的集成电路芯片技术以及特殊的保密措施和无法被译及仿造的特点受到普遍欢迎。IC 卡芯片具有写入数据和存储数据的能力,IC 卡存储器中的内容根据需要可以有条件地供外部读取和供内部信息处理和判定之用。

5. 光学字符识别

光学字符识别(Optical Character Reader)简称 OCR 识别技术。OCR 指的是光学字符读取装置。OCR 装置主要由作为输入装置的图像扫描仪和装有用于分析、识别文字图像专用软件的计算机构成。通用的 OCR 识别过程是先用图像扫描仪将文本以图像方式输入,计算机对该图像进行版面分析后提取出文字行,最后进行文字识别并把识别结果以文字代码形式输出。

6. 人体生物特征识别技术

人体生物特征识别技术(Biological Feature Recognition)是近几年发展起来的计算机安全技术。所谓人体生物特征识别技术是依据人体本身所固有的生理特征或行为特征,利用图像处理和模式识别技术来达到身份鉴别或验证的目的。由于人体特征具有不可复制的特性,这一技术的安全系数较传统意义上的身份验证机制有很大的提高。人体生物特征识别技术主要包括:面相识别、指纹识别、掌纹识别、语音识别、签名识别和视网膜识别等。

7. 图像识别技术

图像识别(Image Recognition)是模式识别在图像领域中的应用,图像识别技术就是在图像分割的基础上,对每个分割的部分找出它的形状及纹理等特征,即特征抽取,以便对图像进行分类,并对整个图像做结构上的分析。

图像识别的最终目的就在于对图像做出描述和解释,以便理解它所表达的意义。故而从自动识别技术的发展趋势来看,图像识别技术的研究范畴应包括前面的图像处理部分与后面的图像理解部分。所以,图像识别技术是一个总称,它是由图像处理、图像识别和图像理解三大部分组成的一个完整的信息系统。

图像处理部分包括图像编码、图像增强、图像压缩、图像复原、图像分割等内容。由图像处理的内容可见，处理的目的主要在于解决两个问题：一是判断图像中有无需要的信息；二是确定这些信息是什么。例如，就机械零部件识别的数据信息来说，有如下几种：①零部件的亮度和色度信息；②零部件的形状信息；③纹理信息；④尺寸信息；⑤几何精度信息等。

抽取这些有用信息的主要目的在于改善图像质量以利于进行下一步的图像识别。

图像识别部分是对上述处理后的图像进行分类，确定类别名称。它可在分割的基础上选择需要提取的特征，并对某些参数进行测量，再提取这些特征，最后根据测量结果作分类和对整个图像作结构上的分析。

图像理解部分是在图像处理与图像识别的基础上，再根据分类作结构句法分析，去描述图像和解释图像，最终实现理解图像所表达的意义。

1.3 自动识别技术的一般性原理

自动识别系统是一个以信息处理为主的技术系统，它也是传感器技术、计算机技术、通信技术综合应用的一个系统，它的输入端是被识别信息，输出端是已识别信息。

自动识别系统中的信息处理是指为达到快速应用目的而对信息所进行的变换和加工，例如为抗干扰性进行的信道编码处理和为提高传输效率而进行的信源编码处理，还有诸如调制、均衡等信息处理、信息操作的总称。自动识别技术广泛地应用于各种商务活动和各类行业管理的信息采集与数据交换领域。

抽象概括自动识别技术系统的工作过程如图 1-2 所示，它是最一般的自动识别技术信息处理系统的模型框图，是适用于自动识别技术领域的通用研究模型。如果具体到各类信息的采集和处理,此模型可以再具体化,不同类别的信息采集对应着不同的信息处理部分。

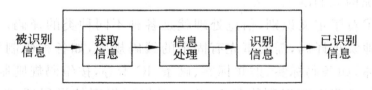

图 1-2　自动识别技术信息处理系统的模型框图

①定义识别的数据信息的采集由于其信息格式的固定化,且具有量化特征,数据量相对较小,所对应的自动识别系统模型也较为简单,如图 1-3 所示。条码识别、射频识别、磁条识别、IC 卡识别等自动识别技术即为这一类。

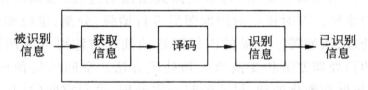

图 1-3　特定格式信息的自动识别系统的模型框图

②特征识别的特征信息的采集和处理过程较定义识别的数据信息的采集来说要复杂得多。第一,它没有固定的信息格式;第二,为了让计算机能够处理这些信息,必须使其量化,而量化的结果往往会产生大量的数据;第三,还要对这些数据作大量的计算与特殊的处理。因此,其系统模型也较为复杂,如图 1-4 所示。图像识别、指纹识别、人脸识别、虹膜识别、语音识别等自动识别技术即为这一类。

图 1-4　图像形式格式信息的自动识别系统模型

根据两种不同的输入格式信息建立的自动识别系统模型，主要的区别就在于"处理信息"部分，而"处理信息"部分的不同将造成系统构成的巨大差异。

①对于定义识别，信息处理就是各种不同种类的译码。为了顺利地实现译码，需要事先有固定的编码规则，如各种码制规范；有载体，如条码标签、射频标签、磁条、IC卡等，按编码规则制作相应的标签附于被识别物品上；有内置编码规则的译码器，按编码规则译码，识别效率非常高，误码率非常低。

②对于特征识别，信息处理过程一般包括预处理、特征提取与选择、分类决策等几部分。

• 预处理操作是指对图像图形进行各种加工，即对获得的图像图形信息进行预处理以消除干扰、噪声，做几何、彩色校正等，以改善图像图形的质量，是从图像到图像的过程，强调图像之间进行的变换。有时还得对图像图形进行增强、分割、定位和分离、复原处理、压缩等。常见的图像图形预处理方法可分成两种：空间域的预处理方法和变换域的预处理方法。空间域的预处理方法有：灰度均衡化处理、尺寸的归一化处理、色彩空间的归一化处理等；变换域的预处理方法有：DCT 变换、DFT 变换、小波变换、滤波处理等。

• 特征提取与选择是指对处理后的图像图形进行分类和特征提取，并对某些特征参数进行测量、再提取、分类，有时还要对图像图形进行结构分析，对图像图形进行描述，它是以观察者为中心研究客观世界的一个过程。特征提取是一个从图像图形到数据的过程，常见的特征提取方法有基于代数特征的提取方法和基于几何特征的提取方法等。

• 分类决策是指利用掌握的特征信息，对未知的训练样本按照某种判别准则进行分析，得出分类后的结果。常见的有两种分类识别方式：监督分类识别和非监督分类识别，如距离分类器、神经网络分类器、支持向量机分类器、聚类分类器等。

1.4 自动识别技术在经济发展中的作用

自动识别技术与计算机技术、软件技术、互联网技术、通信技术、半导体技术的发展紧密相关,正在成为我国信息产业的重要组成部分,而物联网技术的兴起和蓬勃发展给自动识别技术带来前所未有的发展和机遇。自动识别技术产业的发展及技术应用的推广,将在我国的经济建设中发挥举足轻重的作用。

自动识别技术的推广应用工作是我国信息化建设的重要基础工作之一,《国家中长期科学和技术发展规划纲要(2006—2020年)》中也明确指出,"重点开发多种新型传感器及先进条码自动识别、射频标签、基于多种传感信息的智能化信息处理技术。"这为我国自动识别技术的应用提出了更高的要求,也为自动识别技术产业实现跨越式发展,赶上并超过西方发达国家带来了契机,我国自动识别技术的发展和应用在未来具有广阔和美好的前景。

1.4.1 自动识别技术是国民经济信息化的重要基础和技术支撑

21 世纪是信息高速发展的数字化社会,中国要缩短与发达国家的差距,成为经济强国,必须利用现代信息技术打造数字化中国。自动识别与数据采集技术,是一种可以通过自动(非人工)的方式获取项目(实物、服务等各类事物)的管理信息,并将信息数据实时输入计算机、微处理器、逻辑控制器等信息系统的技术,已成为突破信息采集速度低和准确率差的最佳手段。

作为自动识别技术之一的条码技术,从 20 世纪 40 年代有了第一项专利,70 年代逐渐形成规模,近 30 年来已取得长足的发展。条码识别技术具有信息采集可靠性高、成本低廉等特点,可以实现信息快速、准确地获取与传递,可以把供应链中的制造商、批发商、分销商、零售商以及最终客户整合为一个整体,为实现全球贸易及电子商务提供了一个通用的语言环境。

在金融、海关、社保、医保等部门,也可以利用条码技术对顾客的账户和资金往来进行实时的信息化管理,并伴随着电子货币的广泛应用,逐步实现资金流电子化。同时,条码技术的应用发展不仅使商品交易的信息传输电子化,也将使商品储运配送的管理电子化,从而为建立更大规模、更加快捷的物流储运中心和配送网络奠定了技术基础,最终及时、准确地完成电子商务的全过程。多年来,条码技术广泛且成功地应用于我国的零售、进出口贸易、电子商务等行业,为国民经济的增长奠定了重要的基础,并取得了显著的经济效益。

RFID技术是一种非接触式的自动识别技术,它通过射频标签与射频读写器之间的感应、无线电波或微波能量进行非接触式双向通信,实现数据交换,从而达到识别的目的。通过与互联网技术相结合,可以实现全球范围内物品的跟踪与信息的共享。RFID技术是继互联网和移动/无线通信两次技术大潮之后的又一次技术大潮。RFID技术可应用于身份识别、资产管理、高速公路的收费管理、门禁管理、宠物管理等领域,可以实现快速批量的识别和定位,并可根据需要,进行长期的跟踪管理;还可应用于物流、制造与服务等行业,可以大幅度地提高企业的管理和运作效率,并降低流通成本。随着识别技术的进一步完善和应用的广泛推进,RFID产品的成本将迅速降低,其带动的产业链将成为一个新兴的高技术产业群。建立在RFID技术上的支撑环境,也将在提高社会信息化水平以及加强国防安全等方面产生重要影响。

生物特征识别技术是利用人体所固有的生理特征或行为特征来进行个人身份鉴定的技术。随着人们对社会安全和身份鉴定的准确性和可靠性需求的日益提高,以及生物特征识别技术的装备和应用系统不断完善,生物特征识别作为一门新兴的高科技技术,正在蓬勃发展。在我国,指纹识别、虹膜识别、掌纹识别等产品已开始在国家安全、金融等领域中得到推广和普及。生物特征识别技术不仅可以大大提升安全防范技术的技术层次,而且还是安全防范技术的三大主导技术之一。生物特征识别产业的发展,将对我国政府的信息安全、经济秩序以及反恐等方面起到重要的支撑作用。

1.4.2 自动识别技术已成为我国信息产业的有机组成部分

自动识别技术作为一种快速、适时、准确地收集、储存、处理信息的高新技术,是实现国民经济现代化、建设大市场、搞活大流通、发展大贸易、建立信息网络、实行电子数据交换、发展国内外贸易、参与国际经济技术大循环、增强竞争能力不可缺少的技术工具和手段。

目前,自动识别技术作为信息技术的一个重要分支,已经渗透到商业、工业、交通运输、邮电通信、物资管理、仓储、医疗卫生、安全检查、餐饮旅游、票证管理以及军事装备、工程项目等各行各业,在国民经济和人民的日常生活中,担当着不可或缺的重要角色,成为推动国民经济信息化发展的一项重要技术。自动识别技术在各行业中的应用,有力地支持了传统产业的升级和改造,带动其他行业向信息化和智能化迈进,改变了过去"高增长、高能耗"的经济增长方式,节约了制造成本,增加了国民经济效益。

同时,我国自动识别技术在近30年取得了长足发展,已初步形成了一个包括条码技术、磁条技术、IC卡技术、OCR技术、射频技术、指纹识别技术、人脸识别技术、虹膜识别技术、语音识别技术及图像识别技术等融光、磁、机电、计算机、通信技术为一体的高新技术产业。自动识别技术系列产品的创新和广阔的市场需求,也将成为我国国民经济新的增长点。

因此,自动识别技术产业的健康发展对国民经济新的增长方式的转变和国民经济效益的增加有着非常重要的作用。

数字化宏观管理、政府的规划与决策,无不需要各领域数据的准确与及时。自动识别技术在国民经济发展过程中的应用,将成为我国信息产业的一个重要的有机组成部分,具有广阔的发展前景。

1.4.3 自动识别技术可提升企业供应链的整体效率

从企业的层面上讲,自动识别技术已经成为企业价值链的必要构成部分,是我国企业信息化的基石。自动识别技术具有提升传统产业的现代化管理水平、促进企业的运作模式和流程变革的作用。

自条码技术进入物流业和零售业以后,零售企业和物流企业的传统运作模式被打破,具有先进管理模式的现代零售企业(如超级市场、大卖场等)开始出现。企业可以及时获得商品信息,实现商品管理的自动化和库存管理的精确化,最大限度地减少库存成本和人力成本,提高企业的综合竞争能力。

自动识别技术也为零售企业的规模扩张提供了技术支撑。当今企业间的竞争已经不是单一的企业层面之间的竞争,而是整体供应链间的竞争。而供应链上、下游伙伴间信息的"无缝"连接,需要条码、射频识别等自动识别技术的支持。

近年来,随着产品电子代码(Electronic Product Code,EPC)和物联网概念的提出,更是为自动识别技术在物流供应链中的应用提供了广阔的市场前景。EPC作为产品信息沟通的纽带,通过识别承载EPC信息的电子标签利用计算机互联网、无线数据通信等技术,实现对整个供应链中物品的自动识别与信息的交换和共享,进而实现对物品的透明化管理。EPC是条码识别技术的拓展和延伸,它将成为信息技术和网络社会高速发展的一种新趋势。EPC的发展不仅会对整个自动识别产业带来变革,而且还将对提高现代物流供应链管理,发展电子商务和国际经济贸易,甚至对人们的日常生活和工作产生巨大而深远的影响。

1.5　自动识别技术的发展现状及前景

1.5.1　自动识别技术的发展现状

自动识别技术在全球范围内飞速发展，从一维条码到二维条码，从纸质条码到特殊材料条码，直到生物识别、射频识别等，形成了涉及光、机、电、计算机、系统集成等多种技术组合的高新技术体系。生物识别、语音识别、图像识别、射频识别等自动识别技术也逐渐以其鲜明的技术特点和优势，在信息安全、身份认证等不同的应用领域凸显出不可替代的作用。

美国、日本等发达国家的自动识别技术在 20 世纪 70 年代已初具规模。自动识别技术能够帮助人们快速地进行海量数据的自动采集和录入，以此来代替烦琐且易出错的人工录入和人工检查工作。目前在发达国家，自动识别技术已广泛应用于商业流通、工业制造、交通运输、邮电通信、仓储物资管理以及国家安全、信息安全等领域。

我国的自动识别技术起步较晚，从 20 世纪 80 年代末开始引入这项技术，近十年才得到迅速发展。部分应用领域初步形成了标准化的数据编码、数据载体、数据采集、数据传输、数据管理以及数据共享技术，已经在我国信息化建设中发挥着举足轻重的作用，为电子商务平台的建设、进出口贸易的全球化以及政府的宏观调控奠定了坚实的基础。在我国加入 WTO 和经济全球化的背景下，自动识别技术正进一步广泛应用于物流信息化、企业供应链和社会信息化管理等快速发展的领域，为我国整体信息化建设水平的提高、产品质量的追溯等作出了重要贡献。我国的零售业是最早应用条码识别技术的领域，并在经济发展的推动下逐渐成熟，如今商品码用户已达十几万家，采用条码标识的商品更达到数百万种。

条码识别技术作为物流信息化的核心技术,在我国的应用正从起步阶段走向快速发展阶段。现如今,世界各国从事条码技术及其系列产品的开发研究、生产经营的厂商达上万家,开发经营的产品达数万种,成为规模庞大的高新技术产业。中国的条码自动识别产业已经初具规模,从业企业已由最初的代理经销国外产品发展到了自行研制、开发、生产,并逐步向国产化迈进。从条码的生成设备到条码的阅读设备,从优秀的解决方案到系统集成,无不体现出我国民族产业的快速发展。

随着经济全球化、信息化进程的加快,人类对赖以生存的社会环境提出了更高的安全防范要求,特别是对个人身份的确认。而悄然兴起的生物特征识别技术由于人的生物特征具有终生不变、因人而异和携带方便等特性,在军队、政法、银行、物业、海关、互联网等领域正发挥着不可替代的作用。在国内,从事生物识别技术研究的机构已越来越多,指纹、虹膜等识别技术已达到国际先进水平。中国生物识别产业经过市场的发展和演变,技术不断完善,市场应用开始普及,产品生产商的门槛逐渐降低,促使生物识别产业将以一种较高的增长速度发展。

随着实验室语音识别技术研究的巨大突破,在计算机技术、软件技术和存储技术得到突飞猛进发展的同时,语音识别技术在商业领域的应用开始掀起浪潮,为企业、银行、电信、航空及其他领域提供了更好、更新的业务方式和服务模式。

图像技术由于其应用的广泛性,已深入家庭和社会生活中。图像技术已经在遥感、医用图像处理、工业、军事、公安、文化艺术等领域得到了广泛应用。

近年来,RFID技术的发展备受各国青睐,我国在射频识别技术方面也取得了较大的发展,得到了社会各界广泛的关注。国家有关宏观政策及“十二五”规划的实施对我国的自主创新、吸收引进再创新、集成创新带来了良好的发展机遇。随着不断扩大的市场需求,阅读器、电子标签的研发及制造、中间件及平台的建设取得了实质性的推进。不同领域的应用试点、成功的解决方案以及与条码技术的集成应用，正在应市场的需求不断发展，RFID 技术发展的历程见表 1-1。

表 1-1　RFID 技术发展的历程

时间	RFID 技术发展
1941—1950 年	雷达的改进和应用催生了 RFID 技术
1951—1960 年	RFID 技术主要用于实验室的研究
1961—1970 年	RFID 的理论得到发展，开始一些应用尝试
1971—1980 年	各种 RFID 技术测试得到加速发展，出现一些最早的 RFID 应用
1981—1990 年	RFID 技术及产品进入商业应用阶段，各种封闭系统应用开始出现
1991—2000 年	RFID 技术标准化问题受到重视
2001 年至今	RFID 产品种类更加丰富，电子标签成本不断降低

自动识别技术与计算机技术、软件技术、互联网技术、通信技术、半导体技术的关联程度日益紧密，自动识别技术正在逐步发展成我国信息产业的重要组成部分，正迎来前所未有的发展机遇。随着各种新技术的进一步出现和发展，自动识别技术将出现更多的分支技术，更广泛地应用于社会信息化建设及人们的日常生活中。

1.5.2　自动识别技术的发展前景

自动识别技术包含多个技术研究领域，由于这些技术都具有辨认或分类的识别特性且工作过程都大同小异，故而构成一个技术体系，正如一条大河由许多支流组成一样。所以说，自动识别技术体系是各种技术发展到一定程度的综合体，这一点也从一个侧面印证了现代科学正在由近代的"分析时代"向现代的"分析-综合时代"转变的特征。体系中各种技术的发展历程各有不同，但其共同点就是随着计算机技术的发展而发展起来的，也可以说，没有计算机技术的发展就不会有自动识别技术的产生。自动识别技术是以信息技术和计算机技术为土壤，以感测技术、通信技术、人工智能技术和控制技术等为养分，以条形码、射频、人体生物特征识别、智能卡识别、图像识别等技术为枝叶的一棵苗壮成长的大树。这棵大树在迅猛发展的高新技术的滋润下，将会越来越枝繁叶茂。

目前，自动识别技术发展虽然较快，但主要是朝技术的纵深方向发展。但随着人们对它认识的加深，应用领域的日益扩大以及应用层次的提高，其广度方面必然有所扩展。

1. 多种识别技术的集成化应用

事物的要求往往是多样性的，而某一种技术只能满足一方面的要求。由于这种矛盾，必然使人们将几种技术组合起来应用，以满足事物的多样性要求。例如，智能卡设置的密码较容易被破译，往往会造成用户的财产损失。如果利用智能卡自身的存储、计算功能，将人的生物识别特征存储在卡内，可以现场进行脱机认证，既提高了效率，又节省了联网在线查询的成本，同时极大地提高了其应用的安全性，实现了一卡多用。又例如，对一些有高度安全要求的场合，需进行必要的身份识别，防止未经授权的进出，此时可采用多种识别技术的组合化来实施不同级别的身份识别。一般级别的采用带有二维条码的证件检查，特殊级别的使用在线签名的笔迹鉴定，绝密级别的则可应用虹膜识别技术来保证其安全性。

2. 自动识别技术应用于智能控制

目前，自动识别技术的主要目的是取代人工录入数据和提供人工决策信息，用于进行"实时"控制的应用还未普及。但是，随着近年来市场对自动识别的需求越来越迫切，自动识别技术需要与人工智能技术紧密结合。目前，自动识别技术仅仅具有初步处理语法信息的能力，并不能理解已识别出的信息的意义。要真正实现智能化自动识别系统，要求该系统不仅具备处理语法信息

(涉及处理对象形式因素的信息部分)的能力,还必须具备处理语义信息(涉及处理对象含义因素的信息部分)和语用信息(涉及处理对象效用因素的信息部分)的能力,否则就谈不上对信息的理解,而只能停留在感知物体信息的水平上。因此,提高对信息的理解能力,从而提高自动识别系统处理语义信息和语用信息的能力,是自动识别技术向智能化发展的一个重要趋势。

3. 自动识别技术的融合和拓展

自动识别技术中的条码技术最早应用于零售业,此后不断向其他领域延伸和拓展。例如,目前条码识别技术的应用市场主要集中在物流运输、商品零售和工业制造领域,其市场份额达到全球市场的 2/3,并呈上升趋势。近年来,一些新兴的条码识别技术的应用市场正在悄然兴起,如政府、医疗、商业、服务业、金融业、出版业等领域的条码应用每年均以较高的速度增长。

在条码应用的发展领域中,各国特别是发达国家把条码识别技术的发展重点倾向于生产自动化、交通运输现代化、金融贸易国际化、医疗卫生高效化、民生工程普及化、安全防盗防伪保密化等领域。虽然我国在众多领域的应用还相对空白或薄弱,但这正是我国自动识别技术产业发展的市场空间和大好时机。

RFID 技术的市场应用领域正在迅速拓展。低频段 RFID 系统如电子防盗(EAS)在商场、超市等已得到了广泛应用;在远距离 RFID 系统应用方面,以 915MHz 为代表的 RFID 系统在机动车辆的自动识别方面得到了较好的应用,尤其是在铁路应用中,中国已具有国际上技术最先进、规模最庞大的铁路车号自动识别应用系统。

推广和普及 RFID 技术在我国具有重大的意义:一方面,以出口为目的的制造业必须满足关于电子标签的强制性国际标准;另一方面,RFID 技术优势使得人们有理由相信该技术在物流、资产管理、制造业、安防和出入控制等诸多领域的应用将改变上述领域信息采集手段落后、信息传递不及时和管理效率低下的现状,并产生巨大的经济效益。

从应用发展的趋势来看,两大主流自动识别技术,即条码识别技术与射频识别技术,将有相互融合发展的趋势(条码与 EPC 相结合)。

4. 自动识别技术标准体系日趋完善

近年来,条码自动识别技术作为信息自动采集的基本手段,在物流、产品追溯、供应链、电子商务等开放环境中得到了广泛应用。随着新厂商、新产品、新应用的不断涌现,对条码识别技术的标准化提出了更高、更准确的要求。目前,企业的需求成为标准制定的动力,全球已形成标准化组织与企业共同制定国际条码识别技术标准的格局。近年来,国际标准化组织 ISO/IEC 的专业技术委员会发布了多个条码识别技术的码制标准和应用标准。

RFID 技术无论在国内还是国外,都是自动识别技术中最引人注目的新技术。当前,RFID 技术的标准化工作在国际上正从纷争逐步走向规范。其典型的标志是 EPCglobal 体系中 EPC C1 Gen2 标准纳入 ISO/IEC 18000-6,面向物品标识的 RFID 技术标准 ISO 18000 系列已经发布。国内在 RFID 的标准化工作也正走向合作开发的道路,相关的产品标准已经制定了协会标准,并公布实施。但是,目前标准的制定工作还远不能满足技术开发与市场应用的需求,相关标准体系的建立将是我国 RFID 产业发展面临的重大难题。

第2章 条码识别技术

条码识别技术主要研究如何将信息用条码来表示，以及如何将条码所表示的数据转换为计算机可识别的数据。

2.1 条码概述

条码是由宽度不同、反射率不同的条和空按照一定的编码规则（码制）编制而成的，用以表达一组数字或字母符号信息的图形标识符。常见的条码是由反射率相差很大的黑条（简称条）和白条（简称空）以及图形组成的。

条码按其所能装载的信息容量的不同，可分为一维条码和二维条码，其中一维条码包括 EAN 条码、UPC 条码、128 条码、39 条码、交插 25 码、93 条码及库德巴条码等；二维条码的典型代表有 PDF417 码、QR 码等。条码可以标识商品的制造厂家、商品名称、生产日期、图书分类号、邮件起止地点、类别、日期等信息。随着近年来计算机应用的不断普及，条码的应用得到了很大的发展，在商品流通、图书管理、邮政管理、银行系统等许多领域都得到了广泛的应用。

2.2 常用的一维条码及二维条码

2.2.1 常用的一维条码

1. 一维条码的概述

一维条码是由一组规则排列的条、空以及对应的字符组成的标记,用以表示一定的信息,如图 2-1 所示。条码通常用来对物品进行标识,这个物品可以是用于交易的一个贸易项目,如一瓶啤酒或一箱可乐,也可以是一个物流单元,如一个快递包裹。

ISSN 1004-6348

9 771004 634034   01>

图 2-1　一维条码

条码中的条、空分别由深浅不同且满足一定光学对比度要求的两种颜色(通常为黑、白色)表示。条为深色,空呈浅色。这组条、空和相应的字符代表相同的信息。条、空用于机器识读,字符供人直接识读或通过键盘向计算机输入数据使用。

通常对于每一种不同物品,其编码应是唯一的。对于一维条码来说,需要通过数据库建立条码与物品信息的对应关系,当扫描到的条码数据传到计算机时,由计算机的应用程序对数据进行操作和处理。

事实上,条码因国家、区域及使用目的不同均有不同的编码方式,但基本由以下 6 个部分组成,如图 2-2 所示。

图 2-2　一维条码的结构图

①左侧空白区:位于条码左侧无任何符号的白色区域,主要用于提示扫描器准备开始扫描。

②起始符:条码字符的第一位字符,用于标识一个条码符号的开始,扫描器确认此字符后开始处理扫描脉冲。

③数据符:位于起始符后的字符,用于标识一个条码符号的具体数值,允许双向扫描。

④检验符:用来判定此次扫描是否是有效的字符,通常是某算法运算的结果。扫描器读入条码进行解码时,先对读入的各字符按某算法进行运算,如运算结果与检验符相同,则判定此次识读有效。

⑤终止符:位于条码符号的右侧,表示信息结束的特殊符号。

⑥右侧空白区:在终止符之外无印刷符号,且条与空颜色相同的区域。

2. 常用的一维条码及其结构

(1)Code 39 条码

Code 39 条码是 1975 年由美国的 Intermec 公司研制的一种条码,它能够对数字、英文字母及其他字符等 44 个字符进行编码。还由于它具有自检验功能,使得 Code 39 条码具有误读率低等优点,首先在美国国防部得到应用。目前广泛应用在汽车行业、材料管理、经济管理、医疗卫生和邮政、储运单元等领域。

39 条码是一种条、空均表示信息的非连续型、非定长、具有自校验功能的双向条码。由图 2-3 可以看出，39 条码的每一个条码字符由 9 个单元组成（5 个条单元和 4 个空单元），其中 3 个单元是宽单元（用二进制"1"表示），其余是窄单元（用二进制"0"表示），故称之为"Code 39 条码"。

图 2-3 "B2C3"的 39 条码

Code 39 条码可编码的字符集包括如下 3 点。

①A～Z 和 0～9 的所有数字字母。

②特殊字符：空格、$、%、+、—、·、/。

③起始符/终止符。每个条码字符共 9 个单元，其中有 3 个宽单元和 6 个窄单元，共包括 5 个条和 4 个空，数据字符等于 2 个符号字符。

（2）UPC 码

UPC 码（Universal Product Code）是最早大规模应用的条码，其特性是一种长度固定、连续性的条码，目前主要在美国和加拿大地区使用，由于其应用范围广泛，所以又称为万用条码。

UPC 码仅可用来表示数字，故其字码集为数字 0～9。UPC 码共有 A、B、C、D、E 5 种版本，下面主要介绍常用的 UPC 标准码（UPC-A 码）和 UPC 缩短码（UPC-E 码）的结构。

①UPC-A 码。如图 2-4 所示是一个 UPC-A 码的结构示例，主要包括如图 2-5 所示的组成部分。

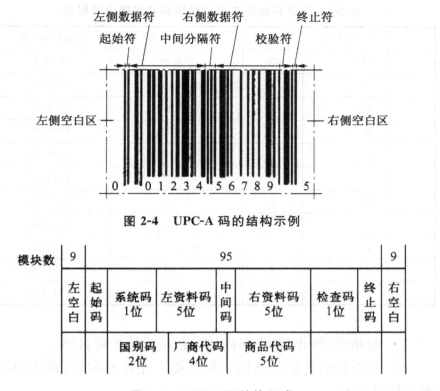

图 2-4   UPC-A 码的结构示例

模块数	9				95					9
	左空白	起始码	系统码 1位	左资料码 5位	中间码	右资料码 5位	检查码 1位	终止码	右空白	
			国别码 2位	厂商代码 4位		商品代码 5位				

图 2-5   UPC-A 码结构组成

UPC-A 码具有以下特点：

• 每个字码皆由 7 个模组组合成 2 线条和 2 空白,其逻辑值可用 7 个二进制数字表示。例如,逻辑值 0001101 代表数字 1,逻辑值 0 为空白,1 为线条,所以数字 1 的 UPC-A 码为粗空白(000)-粗线条(11)-细空白(0)-细线条(1)。

• 从空白区开始共 113 个模组,每个模组长 0.33mm,条码符号长度为 37.29mm。

• 中间码两侧的资料码编码规则是不同的,左侧为奇,右侧为偶。奇表示线条的个数为奇数;偶表示线条的个数为偶数。左资料码与右资料码字码的逻辑值见表 2-1。

表 2-1　左资料码与右资料码字码的逻辑值对照表

UPC 码		左资料码（奇）	右资料码（偶）
字码	值	逻辑值	逻辑值
0	0	0001101	1110010
1	1	0011001	1100110
2	2	0010011	1101100
3	3	0111101	1000010
4	4	0100011	1011100
5	5	0110001	1001110
6	6	0101111	1010000
7	7	0111011	1000100
8	8	0110111	1001000
9	9	0001011	1110100

- 起始码、终止码、中间码的线条高度长于资料码。
- 检查码的算法是从国别码开始自左往右取数，设 UPC-A 码各代号如下：

N1	N2	N3	N4	N5	N6	N7	N8	N9	N10	N11	C

则检查码的计算步骤如下：

$C1 = N1 + N3 + N5 + N7 + N9 + N11$

$C2 = (N2 + N4 + N6 + N8 + N10) \times 3$

$C3 = (C1 + C2)$ 取个位数

$C(检查码) = |10 - C3|$（若值为 10，则取 0）

②UPC-E 码。UPC-E 码是 UPC-A 码的简化形式，其编码方式是将 UPC-A 码整体压缩成短码，以方便使用，因此其编码形式必须由 UPC-A 码来转换。UPC-E 码由 6 位数字码与左右护线组成，无中间线。6 位数字码的排列为 3 奇 3 偶，其排列方法取决于检查码的值。UPC-E 码只用于国别码为 0 的商品，其结

构如图 2-6 所示。

 • 左护线：为辅助码，不具任何意义，仅供列印时作为识别之用，逻辑形态为 010101，其中 0 代表细白，1 代表细黑。

 • 右护线：同 UPC-A 码，逻辑形态为 101。

 • 检查码：为 UPC-A 码原形的检查码，作为导入值使用，并不属于资料码的一部分。

 • 资料码：除第一码固定为 0 外，UPC-E 码实际参与编码的部分只有 6 个码，其编码方式视检查码的值来决定。其排列方式如图 2-7 所示，其编码方式见表 2-2。

图 2-6　UPC-E 码的结构

0	d6	d5	d4	d3	d2	d1	c	检查码
	B	B	B	A	A	A	0	
	B	B	A	B	A	A	1	
	B	B	A	A	B	A	1	
	B	B	A	A	A	B	3	
	B	A	B	B	A	A	4	
	B	A	A	B	B	A	5	
	B	A	A	A	B	B	6	
	B	A	B	A	B	A	7	
	B	A	B	A	A	B	8	
	B	A	A	B	A	B	9	

图 2-7　UPC-E 码资料码的排列方式

注：A 为奇，B 为偶，d 为资料码

表 2-2　UPC-E 码资料码的编码方式

字码	值	奇资料码 逻辑值	偶资料码 逻辑值
0	0	0001101	0100111
1	1	0011001	0110011
2	2	0010011	0011011
3	3	0111101	0100001
4	4	0100011	0011101
5	5	0110001	0111001
6	6	0101111	0000101
7	7	0111011	0010001
8	8	0110111	0001001
9	9	0001011	0010111

注:0 为空白,1 为线条

（3）Code 128 条码

1981 年出现的 Code 128 条码,由于其复杂度的提高,使得其所能应用字符相较于其他的编码方式增加许多。交互使用 3 种类别的编码规则,可提供 ASCII 中的 128 个编码字符,所以使用起来更灵活。

128 条码的内容大致分为起始码、资料码、终止码和检查码 4 个部分,其中检查码并不是必需的,编码内容如图 2-8 所示。

(00) 3　5412345　123456789　2 (420) 1000

A　B　C　D　E　F　G

图 2-8　Code 128 条码的编码内容

Code 128 具有:①A、B、C 3 种不同的编码类型,可提供标准 ASCII 中 128 个字符的编码使用;②允许双向扫描处理;③可自行决定是否要加上检查码；④条码长度可自由调整，但包括起始码和终止码在内，不可超过 232 个字符；⑤同一个 Code 128 条码，可以以不同的方式进行编码的特性。由 A、B、C 3 种不同编码规则的互换可扩大字符选择的范围，也可缩短编码的长度。

128 条码有 3 种不同类型的编码方式，选择以何种编码方式进行编码取决于起始码的内容，见表 2-3。

表 2-3　Code 128 条码的 3 种编码方式

编码类别	逻辑型态	相对值
CODEA	11010000100	103
CODEB	11010010000	104
CODEC	11010011100	105

无论采用何种编码方式，Code 128 条码的终止码均为固定的一种形态，其逻辑形态皆为 1100011101011。

目前广泛推行的 Code 128 条码是 EAN-128 码，EAN-128 码首先根据 EAN/UCC-128 码定义标准将数据转变成条码符号，再采用 Code 128 条码逻辑进行编码，其编码具有完整、紧密、连接及高可靠度的特性。EAN-128 码的应用范围涵盖了生产过程中的一些补充性质和易变动信息，如生产日期、批号、计量等，可应用于货运栈版卷标、携带式数据库、连续性数据段、流通配送标签等，具体的码别代号见表 2-4。其效益有：变动性产品信息的条码化；国际流通的共通协议标准；产品运送较佳的质量管理；更有效地控制生产及配销；提供更安全可靠的供给线。

表 2-4　码别代号

代号	码别	长度	说明
A	应用识别码	18	00 代表其后的数据内容为运送容器序号，为固定 18 位数字
B	包装形态指示码	1	3 代表无定义的包装指示码
C	前置码与公司码	7	代表 EAN 前置码与公司码

续表

代号	码别	长度	说明
D	自行编定序号	9	由公司指定序号
E	检查码	1	检查码
F	应用识别码		420 代表其后的数据内容为配送邮政码，仅应用于唯一邮政当局
G	配送邮政码		代表配送邮政码

（4）商品条码

最为典型及最具有普遍应用的一维条码是商品条码。商品条码（Bar Code For Commodity）是由国际物品编码协会（EAN）和统一代码委员会（UCC）规定的、用于表示商品标识代码的条码，包括 EAN 商品条码（EAN-13 和 EAN-8 商品条码）和 UPC 商品条码（UPC-A 和 UPC-E 商品条码）。商品条码是 EAN·UCC 系统的核心组成部分，是 EAN·UCC 系统发展的根基，也是商业最早应用的条码符号。

商品标识代码（Identification Code For Commodity）是由国际物品编码协会（EAN）和统一代码委员会（UCC）规定的、用于标识商品的一组数字，包括 EAN/UCC-13，EAN/UCC-8 和 UCC-12 代码。

商品条码与商品标识代码的关系是载体与信息之间的关系，每一种代码需要用一定种类的条码来表示，且条码的编码和代码的编码有着本质的区别，前者是将数字字符用条码字符进行表示，后者是对物品或其他信息实体用一定位数的数字字母代表。

在此简单介绍 EAN/UCC-13 代码所对应的 EAN-13 商品条码。EAN-13 商品条码称为标准版的 EAN 条码，如图 2-9 所示。相对标准版而言，表示 8 位数字的 EAN-8 商品条码称为缩短版 EAN 条码。

起始符 左侧数据符 中间分隔符 右侧数据符 校验符 终止符

左侧空白区 →

→ 右侧空白区

前置码 → 6 901234 567892

图 2-9 EAN-13 商品条码符号结构

EAN-13 商品条码是表示 13 位商品标识代码的条码符号,由左侧空白区、起始符、左侧数据符、中间分隔符、右侧数据符、校验符、终止符、右侧空白区及供人识别字符组成。

在 EAN 码中一个模块的宽度为 0.33mm。EAN-13 商品条码由 113 个模块组成,所以它的条码符号总长度为 113×0.33＝37.29mm,除左侧空白区与右侧空白区外,其中符号区长度为95×0.33＝31.35mm。

EAN-13 商品条码的条码符号总高为 26.26mm,其中长条高度为 24.50mm。

商品条码符号的放大系数为 0.80～2.00,不同放大系数对应着相应的模块宽以及条码符号主要名义尺寸。

(5)EAN·UCC 系统

EAN·UCC 系统是全球统一的标识系统。它是通过对产品、货运单元、资产、位置与服务的唯一标识,对全球的多行业供应链进行有效管理的一套开放式的国际标准。EAN·UCC 系统是在商品条码基础上发展而来的,由标准的编码系统、应用标识符和相应的条码符号系统组成。该系统通过对产品和服务等全面的跟踪与描述,简化了电子商务过程,通过改善供应链管理和其他商务处理,降低成本,为产品和服务增值。通过这种系统化标识体系,可以在许多行业、部门、领域间实现物品编码的标准化,促进行业间信息的交流、共享,同时也为行业间的电子数据交换提供了通用的商业语言。

EAN·UCC 标准使供应链中贸易伙伴之间在国内或国际间的交流变得更加方便和快捷。这些贸易伙伴包括原材料供应商、制造商、批发商、经销商、零售商、服务商以及最终的顾客或消费者。

EAN·UCC 系统主要包括以下内容。

①标识代码体系是贸易项目、物流单元、资产、位置、服务等全球唯一的标识代码;目前 EAN·UCC 系统的标识代码体系主要包括 6 个部分:全球贸易项目代码(Global Trade Item Number, GTIN);系列货运包装箱代码(Serial Shipping Container Code, SSCC);全球可回收资产标识符(Global Returnable Asset Identifier, GRAI;全球单个资产标识符(Global Individual Asset Identifier, GIAI);全球位置码(Global Location Number, GLN);全球服务关系代码(Global Service Relation Number, GSRN)。

②附加信息编码体系,如批号、日期和度量。

③应用标识符体系,其作用是指明跟随在应用标识符后面的数字锁表示的含义,一般由 2～4 位数字组成。如系列货运包装箱代码应用标识符"00"、全球贸易项目代码应用标识符"01"、生产日期应用标识符"11"等。

④条码符号体系,将上述标识代码、附加信息及应用标识符转换成的条码符号,如 EAN/UPC 条码、ITF-14 条码、EAN·UCC 系统 128 条码等。零售业只能使用 EAN/UPC 条码,商品批发环节中非零售的贸易单元主要采用 ITF-14 条码,仓储或运输等环节中的物流单元主要采用 UCC/EAN-128 条码。

EAN/UPC 条码用于零售商品的标识,包括 EAN-13 条码, EAN-8 条码,UPC-A 条码,UPC-E 条码,如图 2-10 所示。

ITF-14 条码是只用于非零售贸易项目的标识,如图 2-11 所示。该符号比较适合直接印制于瓦楞纸纤维板上。

图 2-10　EAN/UPC 条码符号

图 2-11　ITF-14 条码符号(放大系数为 1.000)

ITF 条码是在交插 25 条码的基础上形成的一种应用于储运单元的条码符号,ITF 条码符号有 ITF-14 条码及 ITF-6(附加代码,add-on),它们都是定长型代码。

UCC/EAN-128 条码是 Code 128 条码的子集,属 EAN 和 UCC 专用。它是 EAN·UCC 系统唯一承认的用于表示附加信息的条码符号。UCC/EAN-128 条码是唯一能够表示应用标识的条码符号,如图 2-12 所示。

图 2-12　UCC/EAN-128 条码

　　UCC/EAN-128 条码由国际物品编码协会（EAN）、美国统一代码委员会（UCC）和自动识别制造商协会（AIM）共同设计而成。它是一种连续型、非定长、有含义的高密度代码。

　　UCC/EAN-128 条码采用多种元素宽度，每个字符由 3 个条和 3 个空共 11 个模块组成，如图 2-13 所示。

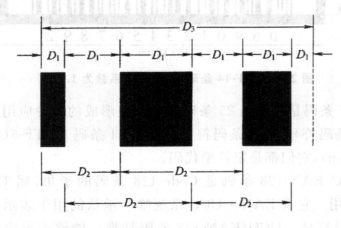

图 2-13　128 条码字符尺寸表示

图 2-13 中，D_1 表示一个条或一个空的宽度；D_2 表示一个条与一个空的宽度；D_3 表示一个条码字符的宽度。

2.2.2　常用的二维条码

1. 二维条码的概述

二维条码是使用特定的几何图形按照一定规律，组成分布在二维平面上黑白相间的图形，以此来记录数据符号的信息。该二维条码的代码编制上利用构成计算机内部逻辑基础的"0""1"比特流的概念，将几何形体与二进制码相对应，以此来表示文字数值信息，并通过图像输入设备或光电扫描设备对图形自动进行识读，实现信息的自动处理。

二维条码能够在水平和垂直两个方向同时表达信息，因此相较于一维条码，二维条码在编码容量上有了显著的提高。以二维条码中的汉信码为例，相同面积的汉信码承载的信息是一般商品码的几十倍。由于二维条码具有信息容量大、密度高的特点，并可以表示包括中文、英文、数字在内的多种文字、声音、图像信息，所以可以在很小的二维条码面积内表达大量的信息，包括汉字表达和图像存储。二维条码可以引入纠错机制，具有恢复错误的能力，从而大大提高了二维条码的可靠性；同时还可以对不同行的信息进行自动识别，以及处理旋转变化的图形。

二维条码的种类可以分为行排式（或堆积式）二维条码（图 2-14）和矩阵式（或棋盘式）二维条码（图 2-15）两大类型。二维条码具有条码技术的一些共性：每种码制有其特定的字符集；每个字符占有一定的宽度；具有一定的校验功能等。与一维条码相比，其优势在于可以对不同行的信息自动识别以及能处理旋转变化的图形。

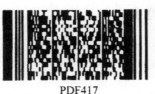
PDF417

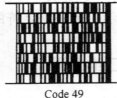
Code 49

Code 16K

图 2-14　行排式二维条码

QR Code

Code One

Data Matrix

图 2-15　矩阵式二维条码

2. 常用的二维条码及其结构

(1)Code 16K

Code 16K 条码是一种多层的、连续的、具有可变长度的条码符号，可以表示 ASCII 字符集中的全部 128 个字符以及扩展 ASCII 字符。Code 16K 条码结构如图 2-16 所示，其采用 UPC 及 Code 128 字符。一个 16 层的 Code 16K 符号，可以表示 77 个 ASCII 字符或 154 个数字字符。Code 16K 通过唯一的起始符和终止符标识层号，并通过字符自校验及两个模为 107 的校验字符进行错误校验，具体项目特性见表 2-5。

图 2-16　Code 16K 条码结构

表 2-5　**Code 16K 条码项目特性**

项目	特性
可编码字符集	全部 128 个 ASCII 字符及扩展 ASCII 字符
类型	连续型,多层
每个符号字符单元数	6(3 条,3 空)
每个符号字符模块数	11
符号宽度	81X(包括空白区,X 指符号的模块宽度)
符号高度	可变(2~16 层)
数据容量	2 层符号:7 个 ASCII 字符或 14 个数字字符 8 层符号:49 个 ASCII 字符或 154 个数字字符
层自校验功能	有
符号校验字符	2 个,强制型
双向可译码性	是,通过层(任意次序)
其他特性	工业特定标志,区域分隔符字符,信息追加,序列符号连接,扩展数量长度选择

(2)PDF417 码

PDF417 条码是由美籍华人王寅敬(音)博士发明的。PDF 取自英文 portable data file 3 个单词的首字母,意为"便携数据文件"。因为组成条码的每一符号字符都是由 4 个条和 4 个空共 17 个模块构成,所以称为 PDF417 条码。

PDF417 是一种多层、可变长度、具有高容量和纠错能力的二维条码。每一个 PDF417 符号可以表示 1100 个字节,或 1800 个 ASCII 字符或 2700 个数字的信息。

每一个 PDF417 条码符号均由多层堆积而成,其层数为 3~90。

每一层条码符号都有起始符/终止符,每层的左、右层指示符由 1~30 个符号字符组成。每一个符号字符由 17 个模块构成,其中包含 4 个条和 4 个空,每个条、空由 1~6 个模块组成。

由于层数及每一层的符号字符数是可变的,故 PDF417 条码符号的高宽比,即纵横比可以变化,以适应于不同可印刷空间的要求。

　　PDF417 提供了三种数据组合模式，每一种模式定义一种数据序列与码词序列之间的转换方法。三种模式为文本组合模式（Text Compaction，Mode-TC）、字节组合模式（Byte Compaction，Mode-BC）、数字组合模式（Numeric Compaction，Mode-NC）。

　　每一个 PDF417 符号由空白区包围的一系列层组成，如图 2-17 所示为 PDF417 符号的结构图。每一层包括如下几个部分。①左空白区；②起始符；③左层指示符号字符；④1～30 个数据符号字符；⑤右层指示符号字符；⑥终止符；⑦右空白区。

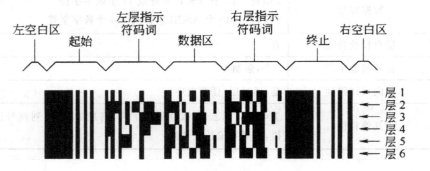

图 2-17　PDF417 符号的结构图

　　每一个符号字符包括 4 个条和 4 个空，每一个条或空由 1～6 个模块组成。在一个符号字符中，4 个条和 4 个空的总模块数为 17，图 2-18 所示为 PDF417 符号字符。

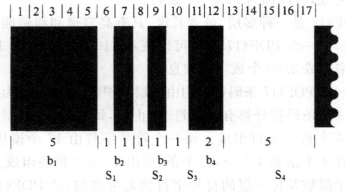

图 2-18　PDF417 符号字符

（3）Code 49

Code 49 条码是一种多层、连续型、可变长度的条码符号,它可以表示全 ASCII 字符集中的全部 128 个字符。Code 49 条码结构如图 2-19 所示。

图 2-19 Code 49 条码结构

每个 Code 49 条码符号由 2～8 层组成,每层有 18 个条和 17 个空,层与层之间由一个层分隔条分开。每层包含一个层标识符,表示符号层数的信息包含在最后一层,具体项目特性见表 2-6。

表 2-6 Code 49 条码项目特性

项目	特性
可编码字符集	全部 128 个 ASCII 字符
类型	连续型,多层
每个符号字符单元数	8(4 条,4 空)
每个符号字符模块总数	16
符号宽度	81X(包括空白区,X 指符号的模块宽度)
符号高度	可变(2～8 层)
数据容量	2 层符号:9 个数字字母型字符或 15 个数字字符 8 层符号:49 个数字字母型字符或 81 个数字字符
层自校验功能	有
符号校验字符	2 个或 3 个,强制型
双向可译码性	是,通过层
其他特性	工业特定标志,字段分隔符,信息追加,序列符号连接

（4）QR Code

QR Code 是由日本 Denso 公司于 1994 年 9 月研制的一种矩阵式二维条码,它除具有二维条码所具有的信息容量大、可靠性高、可表示汉字及图像多种信息、保密防伪性强等优点外,还具有以下特点。

①超高速识读。从 QR Code 码的英文名称 Quick Response Code 可以看出,超高速识读是 QR Code 区别于 PDF417,Data Matrix 等二维条码的主要特点。用 CCD 二维条码识读设备,每秒可识读 30 个 QR Code 条码字符;对于含有相同数据信息的 PDF417 条码字符,每秒仅能识读 3 个条码字符;对于 Data Matrix 矩阵码,每秒仅能识读 2～3 个条码字符。QR Code 码的超高速识读特性,使它适宜应用于工业自动化生产线管理等领域。

②全方位识读。QR Code 具有全方位（360°）识读特点,这是 QR Code 优于行排式二维条码（如 PDF417 条码）的另一主要特点。

③能够有效地表示中国汉字、日本汉字。QR Code 用特定的数据压缩模式表示中国汉字和日本汉字,它仅用 13bit 表示一个汉字,而 PDF417 条码、Data Matrix 等二维条码没有特定的汉字表示模式,需用 16bit（二个字节）表示一个汉字。因此 QR Code 比其他二维条码表示汉字的效率提高了 20%。

QR Code 的编码字符集主要包括以下几种。

①数字型数据（数字 0～9）;

②字母数字型数据（数字 0～9;大写字母 A～Z;9 个其他字符:space,$,%,*,+,−,.,/,:）;

③8 位字节型数据;

④日本汉字字符;

⑤中国汉字字符（GB 2312《信息交换用汉字编码字符集基本集》对应的汉字和非汉字字符）。

QR Code 的基本特性见表 2-7。

表 2-7 QR Code 码符号的基本特性

符号规格	21×21 模块（版本 1）—177×177 模块（版本 40） （每一规格：每边增加 4 个模块）
数据类型与容量（指最大规格符号版本 40-L）	数字数据 7089 个字符 字母数据 4296 个字符 8 位字节数据 2853 个字符 中国汉字、日本汉字数据 1817 个字符
数据表示方法	深色模块表示二进制"1"，浅色模块表示二进制"0"
纠错能力	L 级：约可纠错 7％的数据码字 M 级：约可纠错 15％的数据码字 Q 级：约可纠错 25％的数据码字 H 级：约可纠错 30％的数据码字
结构链接（可选）	可用 1～16 个 QR Code 条码符号表示
掩模（固有）	可以使符号中深色与浅色模块的比例接近 1：1，使因相邻模块的排列造成译码困难的可能性降为最小
扩充解释（可选）	这种方式使符号可以表示默认字符集以外的数据（如阿拉伯字符、古斯拉夫字符、希腊字母等），以及其他解释（如用一定的压缩方式表示的数据）或者针对行业特点的需要进行编码
独立定位功能	有

2.3 条码识读

2.3.1 条码识读系统

1. 条码识读系统的组成

条码符号是图形化的编码符号，对条码符号的识读就是要借助一定的专用设备，将条码符号中含有的编码信息转换成计算机可识别的数字信息。

条码识读系统是条码系统的组成部分,它由扫描系统、信号整形系统、译码系统三部分组成,如图 2-20 所示。

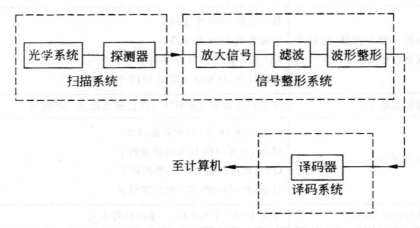

图 2-20　条码识读系统

扫描系统由光学系统及探测器即光电转换器件组成,它完成对条码符号的光学扫描,并通过光电探测器,将条码条空图案的光信号转换成电信号。

信号整形部分由信号放大、滤波、波形整形组成,它的功能在于将条码的光电扫描信号处理成标准电位的矩形波信号,其高低电平的宽度和条码符号的条空尺寸相对应。

译码部分一般由嵌入式微处理器组成,它的功能是对条码的矩形波信号进行译码,其结果是通过接口电路输出到条码应用系统的数据终端。

条码符号的识读涉及光学、电子学、微处理器等多种,要完成正确识读,还需要以下设备。

①光学系统:产生并发出一个光点,在条码表面扫描,同时接收反射回来(有强弱、时间长短之分)的光。

②探测器:将接收到的信号不失真地转换成电信号(完全不失真是不可能的)。

③整形电路:将电信号放大、滤波、整形,并转换成脉冲信号。

④译码器:将脉冲信号转换成"0""1"码形式,之后将得到的"0""1"码字符串信息储存到指定地方。

2. 条码的识读原理

条码识读的基本工作原理如下:由扫描仪发出的光线经过光学系统照射到条码符号上面,被条码上条和空反射回来的强弱不同的光经过光学系统成像在光电转换器上,使之产生相对应的强弱不同的电信号,信号经过电路放大后产生高低不同的模拟电压,它与照射到条码符号上被反射回来的光成正比,再经过滤波、整形,形成与模拟信号对应的方波信号,经译码器解释为计算机可以直接接收的数字信号。这样,条码上相对应的数据代码被识别,同时瞬间完成该数据的计算机录入工作。

3. 条码识读系统的构成要素

(1)光源

对于一般的条码应用系统,条码符号在制作时,条码符号的条孔反差均针对 630nm 附近的红光而言,所以条码扫描器的扫描光源应该含有较大的红光成分。因为红外线反射能力在 900nm 以上;可见光反射能力一般为 630~670nm;紫外线反射能力为 300~400nm。

一般物品对 630nm 附近的红光的反射性能和对近红外光的反射性能十分接近,所以有些扫描器采用近红外光。

扫描器所选用的光源种类很多,主要有半导体光源、激光光源,也有选用白炽灯、闪光灯等光源的。

(2)光电转换接收器

接收到的光信号需要经光电转换器转换成电信号。手持枪式扫描识读器的信号频率为几十千赫到几百千赫。一般采用硅光电池、光电二极管和光电三极管作为光电转换器件。

(3)放大、整形与计数

全角度扫描识读器中的条码信号频率为几兆赫到几十兆赫,

如图 2-21 所示。全角度扫描识读器一般都是长时间连续使用,为了使用者的安全,要求激光源出射能量较小,因此最后接收到的能量极弱。为了得到较高的信噪比(这由误码率决定),通常都采用低噪声的分立元件组成前置放大电路来低噪声地放大信号。手持枪式扫描识读器出射光能量相对较强,信号频率较低。另外,如前所说还可采用同步放大等技术。因此,它对电子元器件特性要求不是很高,而且由于信号频率较低,可以较方便地实现自动增益控制电路。

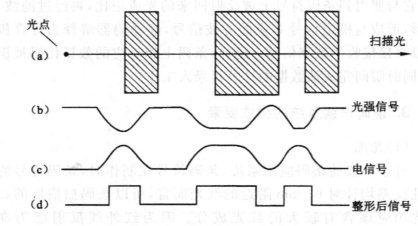

图 2-21　全角度扫描识读器中的条码信号

(4)译码

条码是一种光学形式的代码,它不是利用简单的计数来识别和译码的,而是需要用特定方法来识别和译码的。译码包括硬件译码和软件译码。硬件译码通过译码器的硬件逻辑来完成,译码速度快,但灵活性较差。为了简化结构和提高译码速度,现已研制出了专用的条码译码芯片,并已经在市场上销售。软件译码通过固化在 ROM 中的译码程序来完成,灵活性较好,但译码速度较慢。实际上每种译码器的译码都是通过硬件逻辑与软件共同完成的。

(5)通信接口

条码识读器的通信接口主要有键盘接口和串行接口。

　　①键盘接口方式。条码识读器与计算机通信的一种方式是键盘仿真,即条码识读器通过计算机键盘接口给计算机发送信息。条码识读器与计算机键盘口通过一个四芯电缆连接,通过数据线串行传递扫描信息。这种方式的优点是:无须驱动程序,与操作系统无关,可以直接在各种操作系统上直接使用,不需要外接电源。

　　②串口方式。扫描条码收到的数据由串口输入,需要驱动或直接读取串口数据,需要外接电源。

　　串行通信是计算机与条码识读器之间一种常用的通信方式。接收设备一次只传送一个数据位,因而比并行数据传送要慢。但并行数据传送要求在两台通信设备之间至少安装含 8 条数据线的电缆,造价较高,这对于短距离传送来说还可以接受,然而对长距离的通信则是不能接受的。

2.3.2　条码识读设备

1. 手持式条码扫描器

　　光笔是最早出现的一种手持接触式条码扫描器,当时是最为经济的一种条码扫描器。使用时,操作者需要将光笔接触到条码表面,匀速划过。光笔的优点是重量轻,条码长度不受限制,但对操作人员要求较高,对条码容易产生损坏,首读成功率低、误码率较高。

　　后来发明了电子耦合器件(CCD)手持式条码扫描器,比较适合近距离识读条码,价格也比手持式激光条码扫描器便宜,而且内部没有移动器件,可靠性高。但 CCD 手持式条码扫描器受阅读景深和宽度的限制,对条码尺寸和密度有限制,并且在识读弧形表面的条码时,会有一定困难。

　　激光扫描器是各种扫描器中价格相对较高的,但它能提供的各项功能指标最高,并可以远距离识读条码,在阅读距离超过30cm 时,激光扫描器是唯一的选择,因此,目前在各应用领域被广泛采用。激光条码扫描器首读识别率高,识别速度快,误码率极低,对条码质量要求不高,但产品价格较贵。

2. 固定式条码扫描器

固定式条码扫描器,又称为平板式条码扫描器、台式条码扫描器。目前商场使用的大部分都是固定式条码扫描器,再配以手持式 CCD 或激光条码扫描器。这类条码扫描器的光学分辨率在 300～8000dpi 之间,色彩位数为 24～48 位,扫描幅面一般为 A3 或 A4。

平板式固定条码扫描器的好处在于使用起来像使用复印机一样,只要把条码扫描器的上盖打开,不管是书本、报纸、杂志、照片底片,都可以放上去扫描,相当方便,而且扫描出的效果也是所有常见类型条码扫描器中最好的。

3. 条码数据采集器

把条码识读器和具有数据存储、处理、通信传输功能的手持数据终端设备结合在一起,成为条码数据采集器,它是手持式扫描器和掌上电脑功能的结合体。按照是否实时通信来分,可分为在线式数据采集器和批处理(离线)式数据采集器两类;按功能分,可分为手持终端、无线型手持终端、无线掌上电脑、无线网络设备 4 类。

由于要求条码数据采集器能够在不同环境中使用,因此,对其使用温度、湿度、抗震性、抗摔性都有着较高的要求。条码数据采集器的种类可以分为数据采集型设备、数据管理型设备。

2.4 条码印制

2.4.1 条码印刷的方式

条码的印制是条码技术应用中一个相当重要的环节,也是一项专业性很强的综合性技术。它与条码符号载体、所用涂料的光学特性以及条码识读设备的光学特性和性能有着密切的联系。要想制作出高质量的条码符号印制品,必须了解条码印制中的一些特殊要求。

条码印刷与一般图文印刷的区别在于其印刷必须符合条码国家标准中有关光学特性和尺寸精度的要求,这样才能使条码符号被正确地识别。条码印刷一般分为现场印刷和非现场印刷两种。

1. 现场印刷

现场印刷是指由专用设备在需要使用条码标识的地方,即时生成所需的条码标识,一般采用图文打印机和专用条码打印机来打印条码符号。

图文打印机常用的有点阵打印机、激光打印机和喷墨打印机。这几种打印机可在计算机条码生成程序的控制下方便灵活地印刷出小批量的或条码号连续的条码标识。专用条码打印机因其用途的单一性,设计结构简单、体积小、制码功能强,所以在条码技术的各个应用领域都有普遍使用。

现场印刷适合于印刷数量少、标识种类多或应急用的条码标识,如店内码采用的就是现场打印的方式。

2. 非现场印刷

非现场印刷作业主要是在专业印刷厂进行的,是指预先印刷好条码标识以供企业以后使用。这种方法往往用于需要大批量使用的、代码结构稳定的、标识相同的或标记变化有规律的(如序列流水号等)条码标识的印刷,如香烟、酒、食品、药品等,都是采用非现场印刷的方法印刷条码标识在商品包装上。非现场印刷方法成本较低,印刷的质量有可靠的保障,使用企业不需要掌握相应的印刷技术,从而为大多数企业所采用。

传统使用的非现场印刷按照制版形式,可分为凸版印刷、平板印刷、凹版印刷和孔版印刷四大类。其中,平版印刷和凹版印刷的稳定性好,尺寸精度高,是印刷条码标识的优选方法。

2.4.2 条码印制载体

通常把用于直接印制条码符号的物体叫符号载体。常见的符号载体有普通白纸、瓦楞纸、铜版纸、不干胶签纸、纸板、木制品、布带(缎带)、塑料制品和金属制品等。

由于条码印刷品的光学特性及尺寸精度直接影响扫描识读，制作时应严格控制。首先，应注意材料的反射特性和映性。光滑或镜面式的表面会产生镜面反射，一般避免使用产生镜面反射的载体。对于透明或半透明的载体要考虑透射对反射率的影响，个别纸张漏光对反射率的影响应特别注意。其次，从保持印刷品尺寸精度方面考虑，应选用耐气候变化、受力后尺寸稳定、着色牢度好、油墨扩散适中、渗洇性小及平滑度、光洁度好的材料。例如，载体为纸张时，可选用铜版纸、胶版纸、白版纸。塑料方面可选用双向拉伸丙烯膜或符合要求的其他塑料膜。对于常用的聚乙烯膜，由于它没有极性基团，着色力差，应用时应进行表面处理，保证条码符号的印刷牢度。同时也要注意它的塑性形变问题。一定不能使用塑料编织带作印刷载体。对于透明的塑料，印刷时应先印底色。大包装用的瓦楞纸板印刷时，由于瓦楞的原因，它的表面不够光滑，纸张吸收油墨的渗洇性不一样，印刷时出偏差的可能性更大，常采用预印后粘贴的方法。金属材料方面，可选用马口铁、铝箔等。

2.4.3 条码印刷(打印)设备

1. 条码预印刷设备

(1)凸版印刷机

凸版印刷机可分为平压平型凸版印刷机、圆压平型凸版印刷机、圆压圆型凸版印刷机三种。使用凸版进行印刷，印版图文部分凸起,高于非图文的空白部分(如活字版、铅版等)。印刷时,将印版装在印版滚筒或版台上,在版面的图文部分涂以印墨,然后过纸、加压,使印墨转移到纸面上,最后经收纸装置将印张堆集好。

(2)凹版印刷机

使用凹版印刷机进行印刷,印版的图文部分凹下,而空白部分与印版滚筒的外圆在同一平面上。印刷时,印版滚筒全版面着墨,以刮墨刀将版面上空白部分的油墨刮清,留下图文部分的油墨,然后过纸,由压印滚筒在纸的背面压印,使凹下部分的油墨直接转移到纸面上,最后经收纸装置将印张堆集或复卷好。

(3)平版印刷机

平版印刷机是由早期石版印刷技术发展而来并由此命名的,早期石版印刷的版材使用磨平后的石块,之后改良为金属锌版或铝版,但其原理是不变的。

印刷部分与非印刷部分均没有高低差别,即是平面的,它是利用水油不相混合的原理,使印纹部分保持一层富有油脂的油膜,而非印纹部分上的版面则可以吸收适当的水分,设想在版面上油墨以后,印纹部分便会排斥水分而吸收了油墨,而非印纹部分则吸收水分而形成抗墨作用,利用这种技术印刷的方法,称为"平版印刷"。

平版印刷技术因其制版及印刷有着独特的个性,同时在操作上亦极为简单,且成本低廉,所以一直以来被专家们不断地研究与改进,是现今印刷产业使用最为广泛的技术。

(4)孔版印刷机

孔版印刷的版面为网状或具有一定弹性的薄层,图文部分通透。孔版印刷的原理就是在刮板的作用下,丝网框中的丝印油墨从丝网的网孔(图文部分)中漏到承印物上,由于印版非图文部分的油墨被丝网网孔堵塞,油墨不能漏下,从而完成印刷品的印刷。

凡是印刷品上墨层有立体感的,如瓶罐、曲面及一般电路板印刷,多采用孔版印刷。孔版印刷技术是与平版、凸版、凹版三大印刷技术并列的第四种印刷技术。但习惯上,仍有人把它划归在特种印刷的范畴。

2. 条码现场印刷(打印)设备

目前,条码现场印制设备大致分为两类,即通用打印机和专用条码打印机。通用打印机有点阵式打印机、喷墨式打印机、激光打印机等。使用通用打印机打印条码标签一般需专用软件,通过生成条码的图形进行打印,其优点是设备成本低,打印的幅面较大,用户可以利用现有设备。因为通用打印机并非为打印条码标签专门设计的,因此用它印制条码在使用时不太方便,实时性较差。专用条码打印机是专为打印条码标签而设计的,它具有打印质量好、打印速度快,打印方式灵活,使用方便,实时性强等特点,是印制条码的重要设备。目前多以热敏机型和热转印机型为主流的条码打印输出设备。

2.5 条码检验

2.5.1 条码检验的概述

条码符号是当今商业领域以及其他领域的一种物流的信息载体,在物体流动的各个链条中,计算机通过对附着在物体上的条码符号进行识别,实现了信息系统的信息采集工作。如果这个环节出现错误,那么整个信息流通链就会断裂,信息系统将立即处于"巧妇难为无米之炊"的境地。信息的残缺将使系统做出错误的行为。与根本没有符号相比,有了条码符号而不去扫描常常会给贸易双方带来更大的麻烦,而条码检测则是确保条码符号在整个供应链中能被正确识读的重要手段。

我们知道,条码是由深色条和浅色空组合起来的图形符号,条码的质量参数可以分为两类,一类是条码的尺寸参数,另一类是条码符号的反射率参数。这两类参数在条码技术规范中都做了详细的规定,对条码符号的这两类参数采用通用的反射率测量仪器及测长显微镜来进行测量,这是条码检测技术发展的第一个阶段。

最初,这种检测方法中所有的测量都是非自动化的,由于条码的条空太多,测量和根据条空来判定被测条码条空编码是否正确非常麻烦。此外,人为因素也严重影响了测量的精度和准确性。20 世纪 70 年代中期以后,条码符号质量的评价都是用条码检测的专用仪器——条码检测仪来进行测试的,这就是人们通常所说的传统检测方法。

条码检测仪的出现使得条码检测的效率大大提高,符号经过条码检测仪扫描后,马上就可以得到检验结果,性能全面的检测仪还可以打印出列有详细质量参数值的质量检测结果,这就使得印刷企业能够根据检验结果来调整印刷设备,充分发挥出印刷设备的潜能,从而提高条码符号的印制质量。

然而,经过长期实践,人们发现基于条码符号技术规范基础上的检验方法在应用中存在一些缺陷和不足,导致了用该种方法检验的结果和扫描识读性能不能完全保持一致,并由此导致顾客退货的现象增多。为此,20 世纪 80 年代后,人们开始设法对条码的检验方法进行改进。

从事条码技术和应用行业的专家对各类条码识读系统进行了大量的识读测试,最后得出了一个评价条码符号综合质量等级的方法——反射率曲线分析法,也称条码综合质量等级法。该方法能够更好地反映条码符号在识读过程中的性能,并能够克服使用传统方法所产生的缺陷。

综合质量等级法根据对条码进行扫描所得出的"扫描反射率曲线",如图 2-22 所示,分析条码的各个质量参数,并按实际识读的要求来综合评定条码的质量和等级。

随着条码技术的发展,条码综合质量等级法得到了较为广泛的应用。欧洲标准化委员会(CEN)于 1997 年批准的欧洲标准——《条码检测规范》（EN 1635—1997）、2000年国际标准化组织和国际电工委员会批准的标准——《条码印制质量检测规范》（ISO/IEC 15416—2000）中，都采用了条码综合质量等级法。

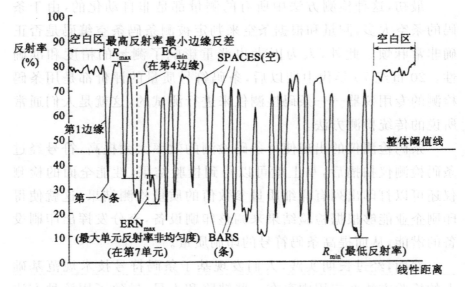

图 2-22　扫描反射率曲线

2.5.2　条码检测的目的

　　条码是一种数据载体，它在信息传输过程中起着重要的作用。如果条码出现问题，物品信息的通信将被中断，所能带来的后果比起符号本身要大得多。因此，必须对条码质量进行有效控制，确保条码符号在整个供应链上能够被正确识读，而条码检测则是实现此目的的一个有效方法。

　　条码检测的目标就是要核查条码符号是否能起到其应有的作用，它的主要任务为：

　　①使得符号印制者对产品进行检查，以便根据检查的结果调整和控制生产过程。

　　②预测条码的扫描识读性能。通过条码检测，我们可以对条

码符号满足符号标准的程度进行评价,而这种程度和条码符号的识读性能有着紧密的联系。

2.5.3　条码的检测方式

条码常用的检测方式有以下几种。

①通用检测(Traditional Verifier):直接给出上述检测内容的检测结果,由检测人员查询检测标准,对比检测结果,判断检测的条码质量。

②ANSI 检测:上述检测内容经过检测计算,转换为质量等级 A～F,一般 A 级质量最好,F 级为不合格。出口美国的产品通常都要有 ANSI 检测结果。

③原版胶片(Film Master)检测:除了进行上述检测内容的检测外,原版胶片还要检查每一条、空的尺寸精度,按国家标准精度应达±0.005mm。同时还要检测条宽的缩减量(BWR)。

④条码试印样检测:对试印样品进行技术检验,检测由经过培训的专门人员按照国家标准要求进行(不具检测能力的企业应送至法定条码质检机构进行检验),并形成检测报告,检验合格后方可批量印刷。

2.6　条码识别技术的典型应用

条码识别技术的特点决定了其在众多的应用领域有着较为广泛的应用。

1. 商业零售领域

零售业是条码应用最为成熟的领域。目前,大多数在超市中出售的商品都申请使用了商品条码,在销售时,用扫描器扫描商品条码,POS 系统从数据库中查找到相应的名称、价格等信息,并对客户所购买的商品进行统计，大大加快了收银的速度和准确性。更为重要的是，它使商品零售方式发生了巨大的变革，由传统的封闭柜台式销售变为开架自选式销售，大大方便了顾客采购商品。同时，各种销售数据还可作为商场和供应商进货、供货的参考数据。由于销售信息能够及时准确地被统计出来，所以商家在经营过程中可以准确地掌握各种商品的流通信息，大大地减少库存，最大限度地利用资金，从而提高商家的效益和竞争能力。对于商品制造商来说，则可以及时了解产品的销售情况，及时调整生产计划，生产适销对路的商品。

2. 仓储管理与物流跟踪

仓储管理无论在工业、商业，还是物流业都是重要的环节。现代仓储管理所要面对的产品数量、种类和进出仓频率都大幅增加，继续原有的人工管理不仅成本昂贵，而且难以维持。尤其是对一些有保质期控制的产品的库存管理，库存期不能超过保质期，必须在保质期内予以销售或进行加工生产，否则就有可能因其变质而遭受损失。在这样大量物品流动的场合，用传统的手工记录方式记录物品的流动状况，不仅费时费力，而且准确度低，往往难以真正做到按进仓批次在保质期内先进先出。况且这些手工记录的数据在统计、查询过程中的应用效率也相当低。应用条码技术可以实现快速、准确地记录每一件物品，采集到的各种数据可实时地由计算机系统进行处理，使得各种统计数据能够准确、及时地反映物品的状态，并提供保质期预警查询，使管理者可以随时掌握各类产品进出仓和库存的情况，及时准确地为决策部门提供有力的参考。

3. 质量跟踪管理

ISO 9000 质量保证体系强调质量管理的可追溯性，也就是说，对于出现质量问题的产品，应当可以追溯出它的生产时间、操作者等信息。在过去，这些信息很难记录下来，即使有一些工厂采用加工单的形式进行记录,但随着时间的推移,加工单也越来越多,有的工厂甚至要用几间房子来存放这些单据。从这么多的单据中查找一张单据的难度可想而知。但如果在生产过程的主要环节对生产者及产品的数据通过扫描条码进行记录,并利用计算机系统进行处理和存储,如产品质量出现问题,可利用电脑系统很快地查到该产品生产时的数据,为工厂查找事故原因、改进工作质量提供依据。

4. 数据自动录入(以二维条码为例)

大量格式化单据的录入问题是一件很烦琐的事,不仅浪费大量的人力,而且正确率也难以保障。二维条码技术可以把上千个字母或几百个汉字放入名片大小的一个二维条码中,并可用专用的扫描器在几秒钟内正确地输入这些内容。目前,电脑和打印机作为一种必备的办公用品已相当普及,可以开发一些软件,将格式化报表的内容同时打印在一个二维条码中,在需要输入这些报表内容的地方扫描二维条码,报表的内容就自动录入完成了。同时还可对数据进行加密,确保报表数据的真实性。国外有的彩票上就用 PDF417 二维条码来鉴别彩票的真伪。设想一下,如果在证件上使用了二维条码,对放入证件上的全部信息进行加密处理,那么在需要记录您身份的地方,只要扫描一下您证件上的条码,您的信息就被正确录入了。同时,这也为证件伪造者出了难题,他们不可能再伪造一个证件,因为他们不知道您证件上的加密算法,无法制作出正确的条码。

5. 生产线自动控制系统

在现代工业生产中,只有对各种生产数据、人员信息、质量信息进行实时采集,管理体制信息系统才能根据采集的数据及时间向物料管理、生产调度、质量保证、计划财务等系统发出指令,从而对人员、设备、物料等资源进行有效的动态配置,同时生成各种统计、核算信息,为决策者提供有效的依据,因此,准确、快速、及时的数据采集已经成为提高企业信息管理系统水平的一个关键环节,也是全面实施 ERP(Enterprise Resource Planning)技术的一个重要内容。

现代大生产日益计算机化和信息化,自动化水平不断提高,生产线自动控制系统要正常运转,条码技术的应用不可或缺。因为现代产品的性能日益先进,结构日益复杂,零部件数量和种类众多,传统的人工操作既不经济,也不可能。使用条码技术成本低廉,只需先对进入生产线的物品赋码,在生产过程中通过安装于生产线的条码识读设备获取物流信息,从而随时跟踪生产线上每一个物流的情况,形成自动化程度高的电子车间。

为此,在大型生产制造企业中实施 ERP 技术,并利用条码特别是二维条码技术,将进一步提高信息系统的管理水平,并达到以下目的:提高人工对象识别及数据输入的准确性和快速性,提高工作效率;通过对单一对象的唯一条码识别,能够真正实现成本核算;操作简便、快捷,可使征税管理流程规范化和标准化。

6. 自动分拣系统

现代社会物品种类繁多,物流量庞大,分拣任务繁重,如邮电业、批发业和物流配送业,人工操作越来越不能适应分拣任务的增加。运用条码技术对邮件、包裹、批发和配送的物品等进行编码,通过条码自动识别技术建立自动分拣系统,就可大大提高工作效率,降低成本。如邮政运输局是我国最早配备自动分拣系统的单位之一,该系统的流程是:在投递窗口将各类包裹的信息输入计算机,条码打印机按照计算机的指令自动打印条码标签,贴在包裹上,然后通过输送线汇集到自动分拣机上,自动分拣机通过全方位的条码扫描器,识读、鉴别包裹,并将它们分拣到相应的出口,这样可以大大提高工作效率,降低成本,减少差错。在配送方式和仓库出货上,采用分货、拣选方式,需要快速处理大量的货物,利用条码技术便可自动进行分货拣选,并实现有关的管理。其过程如下:中心接到若干个配送订货要求,将若干订货汇总,每一品种汇总成批后,按批发出所在条码的拣货标签,拣货人员到库中将标签贴到每件商品上,自动分拣。分货机始端的扫描器对处于运动状态分货机上的货物进行扫描,一方面是确认所拣出的货物是否正确,另一方面是识读条码上的用户标记,使商品在确定的分支分流到达各用户的配送货位,完成分货拣选作业。

7. 图书管理

条码可用于图书馆的图书流通环节中。图书和借书证上都贴上了条码,借书时,只要扫描一下借书证上的条码和借出的图书上的条码,相关的信息就被自动录入数据库中。而还书时,只要扫描图书上的条码,系统就会根据原先记录的信息进行核对,正确地将该书还入库中。与传统的方式相比,大大地提高了工作效率。

8. 其他应用

条码识别最常见的应用领域是在日常生活中,如条码用于医院系统内,可提高工作效率,最大限度地减少差错,增加效益。另外,还被广泛应用在护照、签证、身份证、驾驶证、暂住证、行车证、军人证、健康证、保险卡等各类证卡上,用于实现数据的自动采集,提高证件的防伪能力;用于执照的年检、报表、票据的管理、包裹、货物的运输等。

第3章 射频识别技术

射频识别（Radio Frequency Identification，RFID）技术是 20 世纪 80 年代发展起来的一种新兴的非接触式自动识别技术，是一种利用射频信号通过空间耦合（交变磁场或电磁场）实现非接触信息传递，并通过所传递的信息达到识别目的的技术。识别工作无须人工干预，可工作于各种恶劣环境。应用 RFID 技术，可识别高速运动的物体，并可同时识别多个标签，操作快捷、方便。

3.1 射频识别技术概述

3.1.1 射频及无线射频识别的基本概念

射频（Radio Frequency）是用于无线通信的电磁波，根据其频率范围又可分为如下几种。

①极低频（Extremely Low Frequency，ELF），3kHz 以下；

②甚低频（Very Low Frequency，VLF），3～30kHz 之间；

③低频（Low Frequency，LF），30～300kHz 之间；

④中频（Middle Frequency，MF），300～3000kHz 之间；

⑤高频（High Frequency，HF），3～30MHz 之间；

⑥甚高频（Very High Frequency，VHF），30～300MHz 之间；

⑦超高频（Unltra High Frequency，UHF），300～3000MHz 之间；

⑧特高频(Super High Frequency,SHF),3～30GHz 之间;

⑨极高频(Extremely High Frequency,EHF),30～300GHz 之间。

射频技术涉及射频信号的编码、调制、传输、解码等多个方面。将射频技术用于自动识别系统中,就构成了射频识别系统。

无线射频识别(Radio Frequency Identification,RFID)技术是 20 世纪 90 年代兴起的一项新型自动识别技术,它成功地将射频技术与微电子技术及 IC 卡技术结合起来,利用无线射频方式对记录媒体(电子标签或射频卡)进行读写,从而达到识别目标和数据交换的目的。RFID 技术的突出特点是实现非接触双向通信,解决了无源(射频卡中可以无电源)和非接触这一难题,是电子器件领域的一大突破。由无线射频识别技术组成的自动识别系统称为无线射频自动识别系统,简称 RFID 系统。

3.1.2　射频识别系统的分类

现代 RFID 系统多种多样,分析的角度不同其分类有所不同。一般可以从以下几个方面对 RFID 系统进行分类。

(1)依据功能分类

根据 RFID 系统完成的功能不同,可以粗略地把 RFID 系统分成四种类型:EAS 系统、便携式数据采集系统、物流控制系统、定位系统。

①EAS 系统。EAS(Electronic Article Surveilliance,电子商品监视)系统是一种设置在需要控制物品出入门口的 RFID 技术。这种技术的典型应用场合是商店、图书馆、数据中心等地方。当未被授权的人从这些地方非法取走物品时,EAS 系统会发出警告。

②便携式数据采集系统。便携式数据采集系统是使用带有 RFID 阅读器的手持式数据采集器采集 RFID 标签上的数据。这种系统具有比较大的灵活性,适用于不宜安装固定式 RFID 系统

的应用环境。手持式阅读器(数据输入终端)可以在读取数据的同时,通过无线电波数据传输方式(RFDC)实时地向主计算机系统传输数据,也可以暂时将数据存储在阅读器中,再一批一批地将采集的数据传输给主计算机系统。

③物流控制系统。在物流控制系统中,固定布置的 RFID 阅读器分散布置在给定的区域,并且阅读器直接与数据管理信息系统相连,信号发射机是移动的,一般安装在移动的物体、人上面。当物体、人流经阅读器时,阅读器会自动扫描标签上的信息并把数据信息输入数据管理信息系统存储、分析、处理,达到控制物流的目的。

④定位系统。定位系统用于自动化加工系统中的定位以及对车辆、轮船等进行运行定位支持。阅读器放置在移动的车辆、轮船上或者自动化流水线中移动的物料、半成品、成品上,信号发射机嵌入操作环境的地表下面。信号发射机上存储有位置识别信息,阅读器一般通过无线的方式或者有线的方式连接到主信息管理系统。

(2)依据系统的频率分类

RFID 系统技术根据其采用的频率不同可分为低频系统和高频系统两大类。

①低频系统。一般工作频率小于 30MHz,典型的工作频率有 125kHz、225kHz、13.56MHz 等,这些频点的射频识别系统一般都有相应的国际标准予以支持。低频系统的基本特点是电子标签的成本较低、标签内保存的数据量较少、阅读距离较短(无源情况,典型阅读距离为 10cm)、电子标签外形多样(卡状、环状、纽扣状、笔状)、阅读天线方向性不强等。

②高频系统。一般工作频率大于 400MHz,典型的工作频段有 915MHz、2450MHz、5800MHz 等。高频系统在这些频段上也有众多的国际标准予以支持。高频系统的基本特点是电子标签及阅读器成本均较高、标签内保存的数据量较大、阅读距离较远(可达几米至十几米),可识别高速运动的物体,外形一般为卡状,

阅读天线及电子标签天线均有较强的方向性。

(3)依据作用距离分类

根据 RFID 系统的作用距离范围,可以大致把 RFID 系统分成三种类型:密耦合系统、遥耦合系统和远距离系统。

①密耦合系统。密耦合系统是具有很小作用距离的射频识别系统,典型的范围从 0~1cm。密耦合系统必须把应答器插入阅读器中,或者放置在阅读器为此设定的表面上。

密耦合系统可以用介于直流和 30MHz 交流之间的任意频率进行工作,因为应答器工作时不必发射电磁波。数据载体与阅读器之间的紧密耦合能够提供较大的能量,甚至可供电流消耗较大的微处理器进行工作。密耦合系统应用于安全要求较高,但不要求作用距离的设备中。

②遥耦合系统。把写和读的作用距离增至 1m 的系统称作遥耦合系统。所有的遥耦合系统在阅读器和应答器之间都要通过电感(磁)耦合进行通信。因此,人们也把这些系统称作电感无线电装置。目前,90%~95% 的商用射频识别系统都属于电感(磁)耦合系统,如图 3-1 所示为遥耦合系统。

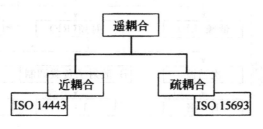

图 3-1　遥耦合系统

③远距离系统。远距离系统典型的作用距离可从 1m 到 10m,个别的系统可达更远的作用距离。所有远距离系统都是在微波范围内用电磁波工作的,发送频率通常为 2.45GHz,也有些系统使用的频率为 915MHz、5.8GHz 和 24.125GHz。为了应答器和阅读器之间的联系,只能使用高频能量,该能量由阅读器接收。因此,把反向散射方法作为由应答器到阅读器的数据传输的标准方法。

（4）依据工作方式和原理分类

射频识别系统包含许多不同类型的产品，由众多厂家生产。图 3-2 中最左边一列给出了射频识别系统从功能上划分的分类特征，而右边的方框中描述了这些分类特征所具有的不同种类，顺着箭头从上至下可以将各个具体的分类特征综合起来，形成射频识别系统中的一个体系。

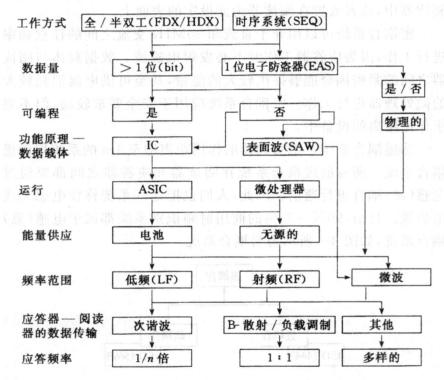

图 3-2　全双工、半双工及时序射频识别系统的区别

就射频识别系统的基本工作方式来说，可分为全双工（FDX）系统、半双工（HDX）系统和时序（SEQ）系统。

3.1.3　射频识别系统及技术的优点

RFID 是一种易于操控，简单实用且特别适合于自动化控制的灵活性应用技术，它通过射频信号自动识别术自动识别目标对象并获取相关数据。它的最大优点是无须接触便可自动完成识别过程,识别工作无须人工干预,它既可支持只读工作模式,也可支持读写工作模式,可工作在各种恶劣环境下,可进行高度的数据集成。另外,由于 RFID 系统可以从技术上防止被仿冒、侵入,因此,RFID 具备了极高的安全防护能力。

从概念上来讲,RFID 类似于条码扫描。所不同的是:条码技术是将已编码的条形码附着于目标物并使用专用的扫描读写器利用光信号将信息由条形码传送到扫描读写器,而 RFID 则使用专用的 RFID 读写器及专门的可附着于目标物的电子标签,利用 RF 信号将信息由电子标签传送至 RFID 读写器。表 3-1 列出了 RFID 系统与其他识别系统的比较。

表 3-1　各种识别系统的优劣比较

各相关因素	条码	图像识别	语音识别	生物计数测量法	IC 卡	RFID 系统
典型的数据量 Bytes	1～100	1～100	—	—	16～64K	16～64K
数据密度	低	低	高	高	很高	很高
机器阅读可能性	好	好	费时	费时	好	好
受污染/潮湿的影响	很严重	很严重	—	—	可能	没影响
受光遮盖影响	全失效	全失效	—	可能	—	没影响
受方向位置影响	很小	角度限制	—	—	一个方向	没影响
用坏或磨损	有条件的	有条件的	—	—	接触	没影响
费用	低	一般	很高	很高	低	一般
未经允许的复制修改	容易	容易	可能	不可能	不可能	不可能
阅读器速度	低	低	很低	很低	低	很快
阅读器作用范围	0～50cm	＜1cm	0～50cm	＜10cm	直接接触	0～6m
个人阅读可能性	受制约	简单容易	简单容易	困难	不可能	不可能

表 3-1 表明了射频识别系统相对于其他系统的优点。此外，表 3-1 也表明了接触式 IC 卡与射频识别系统之间的密切关系。与老式的 IC 卡技术相比，射频识别技术避免了接触式 IC 卡技术的诸多缺点，如易磨损、易损坏、插入费时等。具有成本低廉、特殊环境适应能力强、非接触、可靠性高、维护简便、寿命长等突出优点。同一些目前尚不成熟的识别技术相比，射频识别技术也具有高效快捷、非接触无污染、识别率高等突出优点。表 3-2 列举了条码、磁卡、IC 卡与 RFID 卡相比较的优点。

表 3-2　条码、磁卡、IC 卡与 RFID 卡的性能比较

种类	信息载体	信息量	读/写性	读取方式	保密性	智能化	抗干扰能力	寿命	成本
条码	纸、塑料薄膜、金属表面	小	只读	CCD 或激光束扫描	差	无	差	较短	最低
磁卡	磁性物质	一般	读/写	电磁转换	一般	无	较差	短	低
IC 卡	EEPROM	大	读/写	电擦除、写入	最好	有	好	长	较高
RFID 卡	EEPROM	大	读/写	无线通信	最好	有	很好	最长	较高

正是由于 RFID 系统所具有的独特特性是其他识别技术无法比拟的。因此，射频识别系统得到了越来越广泛的应用，占领了巨大的销售市场。在某些应用领域，射频识别系统正在逐步取代原有的很多自动识别系统。

3.2　射频识别系统的构成及基本工作原理

3.2.1　射频识别系统的构成

射频识别系统通常由标签、读写器、计算机通信网络三部分组成，如图 3-3 所示。

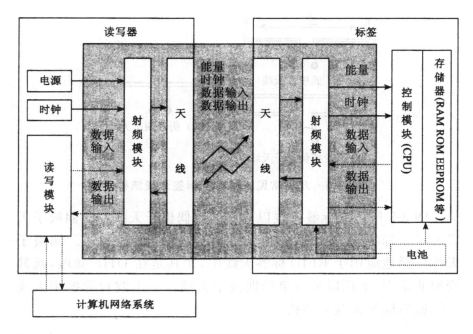

图 3-3　射频识别系统的构成示意图

1. 射频识别标签

射频识别标签（TAG），又称为射频标签、电子标签，主要由存有识别代码的大规模集成线路芯片和收发天线构成。每个标签具有唯一的电子编码。射频识别系统的标签安装在被识别对象上，存储被识别对象相关信息的电子装置。标签存储器中的信息可由读写器进行非接触读/写。标签可以是"卡"，也可以是其他形式的装置。

标签的应用需要与物体有较好的共形特性，以及小尺寸、低剖面和低成本等要求，而使其具有一定的特殊性。天线与标签芯片之间的匹配问题是标签天线设计中的关键问题，当工作频率增加到微波区域的时候，该问题更具挑战性。

常见的标签天线类型包括双偶极子、折叠偶极子、印刷偶极子、微带面、对数螺旋天线。图 3-4 为几种常见的偶极子标签天线结构。

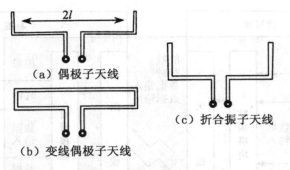

图 3-4　几种常见的偶极子标签天线结构

图 3-5 所示的标签天线以简单的电偶极子天线和磁偶极子天线表示。标签天线通过芯片上的两个触点与芯片相连。偶极子天线广泛地应用于 RFID 标签天线中,尤其是在 UHF 频段,且其变形非常多,下面以最简单的偶极子天线——半波对称振子天线为例说明标签天线的结构。

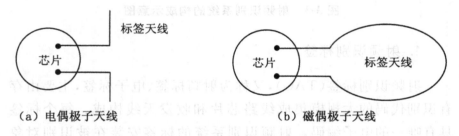

图 3-5　电子标签结构示意图

对称振子天线由两段同样粗细等长度的直导线构成,在中间的两个端点之间馈电,结构如图 3-6 所示。振子每边长为 l,直径为 $2a$。

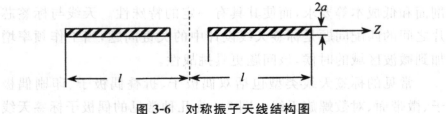

图 3-6　对称振子天线结构图

对称振子天线的场可以认为是由许多小段基本振子的场叠加而成的。辐射场只有 E_θ 分量，为线极化波。对称振子天线的辐射场强 E_θ 和 θ 方向有关，具有方向性。对称振子的方向性函数为：

$$f(\theta,\phi)=\left|\frac{\cos(\beta l\cos\theta)-\cos\beta l}{\sin\theta}\right| \qquad (3-1)$$

式中，$\beta=\dfrac{2\pi}{\lambda}$ 为相位因子。

2. 射频读写器

射频读写器是利用射频技术读取射频识别标签信息，或将信息写入标签的设备。读写器读出的标签信息通过计算机及网络系统进行管理和信息传输。

（1）读写器的工作原理

RFID 读写器的基本模式如图 3-7 所示。

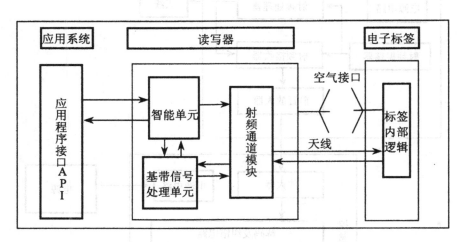

图 3-7　RFID 读写器基本模式

在图 3-7 中，读写器与电子标签之间通过空气接口实现读写器向标签发送命令，标签收到读写器的命令后做出必要的响应，从而实现 RFID 功能。

（2）读写器的基本组成

①读写器的软件。读写器的所有行为均由软件控制完成。读写器中的软件按功能划分，分类如下：

• 控制软件：控制天线发射的开和关，控制阅读器的工作模式，完成与主机之间的数据传输和命令交换等功能。

• 启动程序：主要负责系统启动时导入相应的程序到指定的存储器中，然后执行其导入的程序。

• 解码组件：将指令系统翻译成计算机可以识别的命令，并控制发送信息。或者将收到的电磁波模拟信号解码成数字信号，进行数据解码。

②读写器的硬件。读写器的硬件一般由天线、射频模块、控制模块组成，如图 3-8 所示。

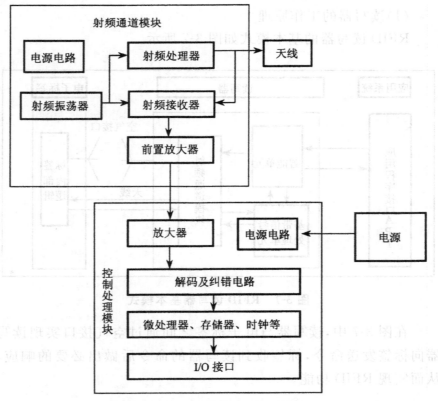

图 3-8　读写器基本结构图

控制系统通常用 ASIC 组件和微处理器来实现,它与一个发射电磁波的天线一起完成如下任务。

- 与应用系统软件进行通信,执行应用软件发来的动作指令;
- 控制与电子标签的通信过程;
- 对信号进行编码和解码;
- 执行防碰撞算法;
- 对阅读器与标签之间传送的数据加密和解密;
- 阅读器和电子标签的身份验证。

射频模块的主要任务如下:

- 产生高频发射能量,激活电子标签;
- 调制发射信号,并将其数据传输给电子标签;
- 接收并解调来自电子标签的射频信号。

根据射频读写器工作的频率可将射频读写器分为低频读写器、高频读写器、超高频读写器等几类,下面对低频读写器进行简单的介绍。

低频读写器主要工作在 125kHz,可以用于门禁考勤、汽车防盗和动物识别等方面。主要介绍基于 U2270B 芯片的低频读写器。

由 U2270B 构成的读写器模块,关键部分是天线、射频读写基站芯片 U2270B 和微处理器(MCU)。由 U2270B 构成的读写器模块如图 3-9 所示。

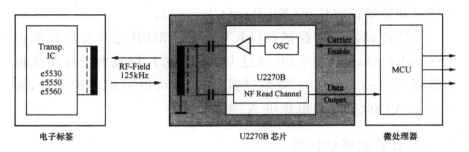

图 3-9　由 U2270B 构成的读写器与电子标签框图

由 U2270B 构成的读写器，主要模块如下。

①天线。天线一般由铜制漆包线绕制，直径 3cm、线圈 100 圈即可，电感值为 1.35mH。

②芯片 U2270B。U2270B 芯片的内部结构如图 3-10 所示。

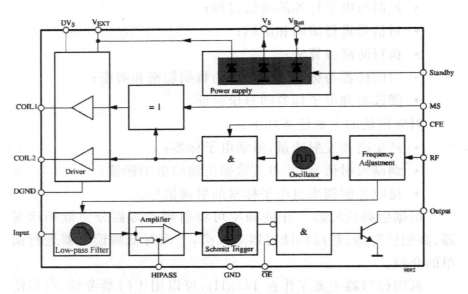

图 3-10　U2270B 芯片的内部结构

工作时，基站芯片 U2270B 通过天线以约 125 kHz 的射频场（RF-Field）为 RFID 电子标签提供能量（电源），同时接收来自 RFID 电子标签的信息，并以曼彻斯特（Manchester）编码输出。U2270B 芯片由发送部分和接收部分构成，其中包含振荡器（OSC）和近场读取信道（NF Read Channel）。

③微控制器。微控制器（MCU）向 U2270B 芯片发出载波使能（Carder Enable）指令，并通过 U2270B 芯片接收电子标签的输出数据（Data Output）。微控制器（MCU）可以采用多种型号，如单片机 AT89C251 和单片机 AT89S51 等。

3. 计算机通信网络

在射频识别系统中，计算机网络通信系统是对数据进行管理和通信传输的设备。在射频识别系统工作过程中,通常由读写器在一个区域内发射射频能量形成电磁场,作用距离的大小取决于发射功率。射频识别标签通过这一区域时被触发,发送存储在标签中的数据,或根据读写器的指令改写存储在射频识别标签中的数据。读写器可接收射频识别标签发送的数据或向标签发送数据,并能通过标准接口与计算机通信网络进行对接,实现数据的通信传输。

3.2.2 射频识别系统的基本工作原理

射频识别技术的基本工作原理是由读写器发射特定频率的无线电波能量,当射频标签进入感应磁场后,接收读写器发出的射频信号凭借感应电流所获得的能量,发送存储在芯片中的产品信息(Passive Tag,无源标签或被动标签),或者由标签主动发送某一频率的信号(Active Tag,有源标签或主动标签),读写器读取信息并解码后,送至中央信息系统进行有关数据处理。工作原理如图 3-11 所示。

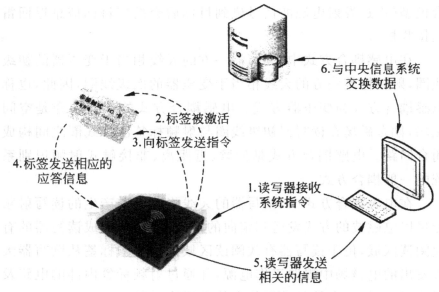

图 3-11 射频识别系统的基本工作原理

　　从 RFID 读写器及射频标签之间的通信及能量感应方式来看，大致上可以分成：感应耦合（Inductive Coupling）及后向散射耦合（Back Scatter Coupling）两种。一般低频的 RFID 大都采用第一种方式，而较高频的 RFID 大多采用第二种方式。

　　读写器根据使用的结构和技术不同，可以是只读或读/写装置，它是 RFID 系统的信息控制和处理中心。读写器通常由耦合模块、收发模块、控制模块和接口单元组成。读写器和射频标签之间一般采用半双工通信方式进行信息交换，同时，读写器通过耦合，给无源射频标签提供能量和时序。

　　在实际应用中，可以进一步通过以太网（Ethernet）或无线局域网（WLAN）等实现对物体识别信息的采集、处理及远程传送等管理功能。射频标签是 RFID 系统的信息载体，目前，射频标签大多是由耦合原件（线圈、微带天线等）和微芯片组成无源单元。

　　射频标签与读写器之间，通过两者的天线架起空间电磁波传输的通道，该通道包含两种情况：近距离的电感耦合与远距离的电磁耦合，亦即在低频段基于变压器耦合模型（初级与次级之间的能量传递及信号传递），在高频段基于雷达探测目标的空间耦合模型（雷达发射电磁波信号碰到目标后会携带目标信息返回雷达接收机）。

　　在电感耦合方式中，读写器一方的天线相当于变压器的初级线圈，射频标签一方的天线相当于变压器的次级线圈，因此，也称电感耦合方式为变压器方式。电感耦合方式的耦合中介是空间磁场，耦合磁场在读写器初级线圈与射频标签次级线圈之间构成闭合回路。电感耦合方式是低频、近距离、非接触式射频识别系统的一般耦合方式。

　　在电磁耦合方式中，读写器的天线将读写器产生的读写射频能量以电磁波的方式发送到定向的空间范围内，形成读写器的有效阅读区域，位于读写器有效阅读区域内的射频标签从读写器天线发出的电磁场中提取工作电源，并通过射频标签内部的电路及天线，将标签内存储的数据信息传送到读写器。

3.3　射频识别产品

3.3.1　射频识别读写产品

1. 读写器模块

（1）读写器（RD5000）

读写器（RD5000）产品的具体参数见表 3-3。RD5000 出色的 RFID 功能，耐用精巧的设计和出色的移动功能，非常适合安装在叉车和夹重叉车、移动手推车、轻便式滑轮输送机的任何位置，甚至是在有线读写器无法安装的受空间限制的位置。结合移动数据终端，叉车操作员提起带有 RFID 标签的货盘时，就能获得更多的重要信息。设计坚固，不管是位于室内还是室外，都能够确保在最为苛刻的环境中连续作业。

表 3-3　读写器（RD5000）详细参数

硬件规格	CPU	Intel XScale Bulverde PXA270 处理器，624MHz
	操作系统	Microsoft Windows CE（V5.0）
	内存	Flash 64MB；DRAM 64MB
	静电放电（ESD）	＋/－15kV 空气放电，＋/－8kV 直接放电
	支持的标准	EPC G2
	额定读取范围	10 英尺/3.04m
	作用域	读取范围半读取功率角＋/－80
	天线	内置集成，圆极化，每轴有效线性增益 1.5dB（额定）；天线端口可支持今后使用外部天线
	输出功率	1 瓦（1.4 瓦 EIRP，带集成天线）
	数据速率	802.11a：高达 54Mbps；802.11b：高达 11Mbps 802.11g：高达 54Mbps

硬件规格	PAN(支持蓝牙)	Bluetooth1.2版,包括 BTExplore(管理器)
	电气安全	UL60950-1,CSA C22.2 No. 60950-1,IEC 60950-1
	WLAN 和蓝牙	USA-FCC Part 15.247,15.407;Canada-RSS-210
	RF 曝光	USA-FCC Part 2,FCC OET Bulletin 65 Supplement C;Canada-RSS-102
	RFID	USA-FCC Part 15.24,15.235,15.209;Canada-RSS-210
	EMI/RFI	USA-FCC Part 15;Canada-ICES 0003 Class B
操作环境	工作温度	-20~50℃
	充电温度	0~40℃
	储存温度	-40~70℃
	湿度	5%~95%无冷凝
	跌落规格	可承受 30 英寸/76.2cm 高度跌至水泥地面的冲击
	反复撞击	在 7g 冲击力下,可承受 3500 次撞击;在 60g 冲击力下,可承受 21600 次撞击
	环境密封	IP66
	静电放电(ESD)	+/-15kV 空气放电,+/-8kV 直接放电

(2)RFID 无源标签读写器(RFS-2022)

RFID 无源标签读写器(RFS-2022)的详细参数见表 3-4。RFID 无源标签读写器(RFS-2022)能够读写 ISO-18000-6 协议标签的 UHF 频段的电子标签。可广泛应用于车辆门禁、人员门禁、生产流水线等领域,与汽车衡、轨道衡等配套能够实现物流的管理。该读写器能够接 2 个天线(2011 型 1 个天线),能够同时读写多个标签。

表 3-4　RFID 无源标签读写器(RFS-2022)详细参数

硬件规格	频率	902~928MHz
	载波	广谱跳频
	最大射频输出功率	32dBm
	输出调节范围	27~32dBm,每步 1dBm

硬件规格	协议	ISO＝18000＝6
	天线数量	2022 型 2 个,2011 型 1 个
	电源	直流 5V,4A
	电源功率	小于 20W
	通信接口	RS232/RS485;2 个 Wiegand26/34 口
	指示灯	电源,射频,通信
	读卡距离	大于 6m,与标签及天线有关
	读卡速率	每秒大于 20 张
操作环境	工作温度	−10℃～550℃
	存储温度	−20℃～80℃

（3）超高频读写器（PSC Falcon 5500）

超高频读写器（PSC Falcon 5500）详细参数见表 3-5。超高频读写器是一款集成了先进的 UHF 频段的非接触读卡器的数据终端,可支持 EPC Class 0 和 Class 1,升级支持 G2 标准,专业设计,合适供应链、物流、仓储、海关运输等应用领域。

表 3-5　超高频读写器详细参数

硬件规格	CPU	Intel Scale PXA255(400MHz)
	内存	RAM 64M FROM 64M
	RFID 频段	UHF 902～928MHz
	支持协议	EPC CLASS 0,CLASS 1
	条码识读器	半导激光
	扫描距离	60～910mm
	扫描频率	(35±5)次/s
	显示屏	240 像素×320 像素 256-Level 灰度级
	通信接口	USB1.1,RS232,耳机插孔 PC Card Type II 插槽 IEEE802.11 b Wireless LAN(可选)
	电池	可充电式锂离子电池组(2000mAh)

续表

硬件规格	操作系统	Microsoft Windows CE. NET 4.2
	开发环境	Embedded Visual C++、Visual C#. NET、Visual Basic. NET、Personal Java 1.1,RFBuilder 等
操作环境	操作温度	-20℃~50℃防水/防尘性符合 IP54 标准

2. 读写器天线

(1)RFID 高性能天线

RFID 高性能天线的详细参数见表 3-6。RFID 高性能天线功能多用,性能卓越,可以满足各种应用需要。与读写器一起使用时,将在读写器与 RFID 标签之间提供更加准确、快速和高效的通信。

表 3-6 RFID 高性能天线详细参数

	尺寸	长:71.7cm 宽:31.7cm 厚:3.8cm
硬件规格	外壳	含 PVC 塑料的铝外壳
	类型	双向/双极化定向天线
	极化	孔径 1:左旋圆 孔径 2:右旋圆
	额定阻抗	50Ω
	天线罩材料	塑料,符合 UL94 v0
	温度范围	-40℃~80℃
	正面风力载荷(125m/h)	20.4kg
	频率范围	900~925MHz
	增益	5.25dBi linear
	纵向比	20dB
	3dB 水平半功率角	70°
	3dB 垂直半功率角	70°
	电压驻波比(VSWR)	<1.5:1 跨频率范围
	最大输入功率	5W
操作环境	工作温度	0℃~50℃
	存储温度	-20℃~70℃

（2）读写器天线（RI-ANT-T01A）

读写器天线（RI-ANT-T01A）的详细参数见表 3-7。读写器天线（RI-ANT-T01A）是一款频率为 13.56MHz 的单天线，防护等级达到了 IP65，最大读取距离为 40cm，适合各种读取距离不远，环境较差的场合。

表 3-7　读写器天线（RI-ANT-T01A）详细参数

	型号	RI-ANT-T01A
硬件规格	尺寸	327mm ×322mm× 38mm
	防护等级	IP65
	重量	700g
	工作频段	13.56MHz
	读取距离	最大 40cm
	接口	SMA male(50Ω)
	连接线	RG58(3,6m)
操作环境	工作温度	−25℃～55℃
	存储温度	−25℃～60℃

3. 读写器 IC 芯片

（1）读写器芯片（U2270B）

读写器芯片（U2270B）详细参数见表 3-8。读写器芯片（U2270B）采用非接触式读写数据传输；工作频率范围为 100～150kHz；可兼容 e5550,T5551,T5557；32 位密码保护；32 位唯一的 ID 码；超低功耗。

表 3-8　读写器芯片（U2270B）详细参数

	频率范围	125kHz
硬件规格	可读/写	可读可写
	用户内存	224bit 可选更大
	系统内存	96bit 可选更大

续表

硬件规格	写保护	32 位密码保护
	协议标准	ISO11784/5 FDX-B
	调制方式	ASK
	编码方式	FSK,PSK,Manchester,Bi-phase,NRZ
	传输速率	RF/2 to RF/128
	内置电容	0 or75/210/250/330pF
	防冲撞	AOR(有请求时再回答)
	芯片数量	1 片 Wafer 有 1.1 万~1.5 万个
	焊接点	无/有焊点(需 PCB)
	读写次数	超过 10 万次
	读/写距离	10cm
	扫描时间	5.7ms
操作环境	工作温度	−40℃~85℃
	存储温度	−40℃~150℃

（2）高频多协议非接触存储芯片

高频多协议非接触存储芯片的详细参数见表 3-9。高频多协议非接触存储芯片是一款支持双向通信标准的非接触存储芯片，同时兼容 ISO14443B 和 ISO15693 标准。抗冲突能力多达 100 张芯片/s，通信距离可达 1.5m。

表 3-9　高频多协议非接触存储芯片详细参数

硬件规格	工作频段	13.56MHz
	RFID 标准	ISO14443B;ISO15693
	波特率	26kbps ISO 15693106 kbps ISO14443 B
	抗冲突	当采用 ISO15693 标准时,为 50 张/秒 当采用 ISO14443 标准时,为 100 张/秒
	唯一序列号	64 位
	EEPROM 内存	2 kbit 16×2 kbit 或 2×16 kbit

硬件规格	内存管理方式	8 字节/块
	安全存储的数值区域	65534 单位
	可重置计数器	65535 次
	加密认证	64 位
	密钥区	密钥长度用于安全页面的借贷密钥
	带认证的读/写保护	有
	一次性写入区域	有
	EEPROM 擦写次数	大于 100K 周期
	EEPROM 数据保留时间	10 年
操作环境	工作温度	-10℃~70℃

（3）兼容卡（EM4100）

兼容卡（EM4100）的详细参数见表 3-10。兼容卡（EM4100）是目前最为常用的标准射频卡之一，采用 PVC/ABS 封装，性能可靠稳定，防水防尘技术，符合 EM4100 兼容标准。在考勤、门禁、身份识别、一卡通等方面应用广泛。

表 3-10　兼容卡（EM4100）详细参数

硬件规格	工作频段	125kHz
	RFID 标准	EM4100 兼容
	尺寸	85.5mm×54mm
	读取距离	最远 10cm
	封装材料	PVC/ABS
	唯一序列号	40 位
操作环境	工作温度	-40℃~85℃
	存储温度	-55℃~100℃

4. 便携式读写设备

(1)高频手持移动数据终端(CS8011)

高频手持移动数据终端(CS8011)的详细参数见表 3-11。高频手持移动数据终端(CS8011)支持 MifareS50 及兼容卡片；界面友好，使用方便；可拆卸锂电池，工作时间长；支持目前常用的 MifareS50 及其兼容型电子卡片，并提供了优良的工作性能。适用于医疗保健、制药、游乐园、娱乐场所、电子票务、图书馆、特快包裹快递、仓储等行业。

表 3-11　高频手持移动数据终端(CS8011)详细参数

	产品外形	长：200mm 宽：72mm 高：34mm
	CPU	ARM7,32bit RISC
	内存	8M SDRAM
	显示屏	LCD 160 * 128,4 Level Gray,EL back-light
	RFID 类型	MifareS50 及兼容卡片
	工作频率	13.56MHz
	识读距离	0～5cm
硬件规格	读写方式	读写
	待机时间	240h
	重量	约 350g
	电源	AC 127～220V,50～60Hz,DC5.6V,1.5A
	功耗	<1.5W(最大)
	电池	970mAH Li-Battery,同 NOKIA3310,3330 手机电池兼容
	键盘	23 按键
	工作温度	−5℃～45℃
操作环境	工作湿度	5%～95%(非凝结)
	下落	从 1.5m 落至水泥地面无损

（2）多功能 UHF 手持读写器

多功能 UHF 手持读写器的详细参数见表 3-12。多功能 UHF 手持读写器便携性和易用性结合在一起，1/4 英寸的触摸屏可在日光下读写，带有背光的键盘和良好的键盘布局，简化了应用交互。

多功能 UHF 手持读写器适用以下领域：

①制造及供应链：库存管理、供应链管理、流水作业、安全测试、部件跟踪。

②数字化仓储管理：拣选、包装、托盘追踪、运输管理、库存盘点、货架定位、堆场管理、商船管理。

③商业零售：货架盘点、进货、价格查验、票据查验。

④军用后勤：枪支弹药管理、军用物资运输管理、军用集装箱查验、身份识别。

⑤警用稽查：车辆稽查、道路执法、车牌识别、危险品管理、身份识别。

表 3-12　多功能 UHF 手持读写器详细参数

	CPU	Intel ® XScale™ Bulverde™ PXA270 处理器 520MHz
	内存	128MB/128MB（最大 256MB）
	操作系统	Microsoft Windows™ Mobile 5.0 Premium Edition
	扩展槽	一个 CF 卡扩展槽，一个 SD/MMC 扩展槽
	应用程序开发支持	提供 SDK 开发包
硬件规格	天线	集成线性偏转天线
	频率范围	866～956MHz
	输出功率	4W EIRP
	GPS	SIRF3 模组
	环境密封	IP65 标准
	支持标准	EPC，ISO 18000-6B，Gen 2
	理论读取范围	5m
	理论写入范围	读取距离的一半

续表

硬件规格	有效区域	70°圆锥状从天线到设备(大约)
	波段	声音/数据通信,GSM900/1800/2700 三波段频率
	电源	主电池:锂离子可重复充电 3.7V 4400mAh,备份电池:锂离子可重复充电 3.7V 220mAh
操作环境	工作温度	-4 ℉～122 ℉/-20℃～50℃
	工作湿度	-40 ℉～158 ℉/-40℃～70℃
	下落	1.5m 高跌落到水泥地面,每面 6 次跌落,3 个角度在超过运行温度的情况下

(3)手持工业级智能数据终端(MC9090-G RFID)

手持工业级智能数据终端(MC9090-G RFID)的详细参数见表 3-13。手持工业级智能数据终端(MC9090-G RFID)支持目前广为流行的无线射频识别标准-EPC Gen2 标准。完全融合了RFID 识别、条码读取、成像技术、802.11 无线连接、全尺寸 QVGA显示屏以及字母数字小键盘等多项技术,具有最大的灵活性和可靠性,使企业可以实时访问供应链中的关键信息。

表 3-13 手持工业级智能数据终端(MC9090-G RFID)详细参数

硬件规格	CPU	Intel XScale Bulverde PXA270 处理器 624MHz
	存储器	64MB/128MB
	操作系统	Microsoft Windows Mobile 5.0 Premium Edition
	扩展槽	SD/MMC
	应用开发	PSDK,DCP 和 SMDK
	外形尺寸	长:27.3cm 宽:11.9cm 高:19.5cm
	工作频段	902～928MHz 支持中国频段
	标准支持	EPC Gen 2
	额定读取范围	6.09～304.8cm
	额定写入范围	30.5～60.9cm
	作用域	从设备最前端:70 锥角(近似)

续表

硬件规格	天线	集成,线性极化天线
	输出功率	1W(4W EIRP)
操作环境	工作温度	−20℃∼50℃
	工作湿度	−40℃∼70℃
	下落	多次从 1.8m 坠落至混凝土表面无损
	滚动指数	室温下,2000 次 1m 滚动(4000 次撞击)
	防尘防水	IP54(电子封装,显示屏和键盘)
	ESD(静电释放)	＋/−15kV DC 空气放电

(4)手持 RFID 读写器(IP30)

手持 RFID 读写器(IP30)的详细参数见表 3-14。手持 RFID 读写器(IP30)的强大功能完全可以在现在和将来立即添加,在任何地点支持室内和现场应用,如仓库操作、运输过程可见性、直接货物配送和意外情况处理。紧密结合单品、货箱和托盘层次识别的互补解决方案转移。IP30 和 CK61ex 不仅为读写 RFID,也为在同一应用中从任意角度、无论远近读写 1D 和 2D 条码带来其所需的灵活性。

表 3-14　手持 RFID 读写器(IP30)详细参数

硬件规格	不含手持计算机的重量	含电池 430g
	带有 CN3 的重量	含电池 860g
	带有 CK61 的重量	含电池 1.16kg
	兼容的手持式计算机	CN3、CN3e、CK61、CK61ex
	标准接口通信接口	蓝牙和 USB 配置
	天线	线性极化
	常规读取范围 (依标签而不同)	6.09∼304.8cm(0.2∼10ft.)
	常规写入范围 (依标签而不同)	30.5∼60.9cm(1∼2ft.)

硬件规格	输出功率	欧洲—0.5W 其他地区—1W(4W EIRP)；
	电源	可更换的锂离子电池组
	附件	外置充电器
	RFID 频率范围	869MHz 和 915MHz
	标签空中接口	EPCglobal UHF Gen 2、ISO 18000-6b、ISO 18000-6c
操作环境	操作温度	0℃～50℃(32℉～122℉)
	存储温度	—30℃～70℃(—22℉～158℉)
	湿度	10%～95%(无冷凝)
	密封	符合 IP64 标准
	抗冲击	30G,11ms,半正弦脉冲(操作)抗振动：3 个轴向约可承受 2 小时 17.5G RMS 伪随机振动
	跌落承载	可承受从 4 英尺(1.3m)高度 26 次坠落至水泥地面
	非易燃(NI)选件	Class I-Div. 2 Groups A,B,C,D;Class Ⅱ-Div. 2 Groups F,G;Class Ⅲ-Div 2. T4

（5）便携式 RFID 读写器(IP4)

便携式 RFID 读写器(IP4)的详细参数见表 3-15。IP4 读写器的手柄是一种易使用、高强度的塑料镁制板机操作附件。IP4 通过一个附加手柄与移动计算机连接。通过集成了手持式移动计算设备及 PAN、LAN 和 WAN 无线技术，以及可在全球应用的多协议 RFID 无线通信技术。

IP4 的 RFID 无线电通信可通过软件配置,在多协议环境中工作,可以同时支持现有的 ISO 18000-6b、EPC UHF Generation 2(Gen 2)以及 ISO18000-6c 标准。IP4 在 UHF 频段下工作。在移动数据采集和传输的环境中,RFID 的无线电通信与 PAN、LAN 或 WAN 的数据传输不会相互干扰。

表 3-15 配合 700C 移动计算机使用的便携式 RFID 读写器(IP4)详细参数

硬件规格	重量(不含 700 系列彩色计算机)	0.48kg,含电池
	重量(含 700 系列彩色移动计算机)	1.04kg,含电池
	附加电池	重 68g
	天线	可选线性极化天线或圆形极化天线
	电源	独立可更换的锂离子电池组
	附件	外置充电器
	法规许可	FCC 第 15 部分;ETSI 300-220、ISO/IEC 18000 第 6b 和 6c 部分
操作环境	工作温度	$-20℃\sim55℃(-4\ ℉\sim131\ ℉)$
	存储温度	$-40℃\sim70℃(-40\ ℉\sim158\ ℉)$
	湿度	$10\%\sim95\%$(非冷凝)
	抗冲击	20G,11ms,半正弦脉冲(工作中)
	抗振动	1.0GRMS。10$\sim$500Hz,3 轴(工作中)专为通过国际安全传输组织程序 1A 项目(National Safe Transit Association(NSTA)Procedure Projeet 1A)而设计。环境保护:符合 IP54 标准
	跌落承载	可承受从 1.2m 高度掉落到混凝土地面 26 次

除上述产品外,还包括固定式读写设备,常见的产品包括 RFID 固定识读器,桌面型 RFID 识读器,桌面型 RFID HF 高频识读器,串行 RFID 读写器,工业级固定式读写器(IF30),车载式读写设备,多功能一体化手持终端,SDIO 接口多协议 RFID 读写器。

3.3.2 射频识别制作产品

1. 电子标签贴标机

不干胶标签自动贴标机的种类很多,功能各异,但基本构造都是相似的。主要包括如下部件。

①用于安放卷筒标签的放卷轮；

②防止材料断裂的缓冲辊；

③起卷筒材料的导向和定位作用的导向辊；

④驱动卷筒材料，实现正常贴标的驱动辊；

⑤复卷贴标后的底纸的收纸轮；

⑥标签便于出标、脱离底纸，实现同贴标物体接触的剥离板；

⑦将脱离底纸的标签均匀、平整地贴敷在待贴底纸上的贴标辊。

无论是哪种类型的贴标机，贴标过程大致相似，所不同的是：贴标装置的安装位置不同，贴标物体的办理送方式、定位方式不同以及贴标辊的形式不同。自动贴标的过程为：当传感器发出贴标物准备贴标的信号后，贴标机上的驱动辊转动。由于卷筒标签在装置上为张紧状态，当底纸紧贴剥离板改变方向运行时，标签由于自身材料具有一定的坚挺度，前端被强迫脱离、准备贴标。此时贴标物体恰好位于标签下部，在贴标辊的作用下，实现同步贴标。贴标后，卷筒标签下面的传感器发出停止运行的信号，驱动辊静止，一个贴标循环结束。

常见的电子标签贴标机的主要产品有上贴式不干胶自动贴标机（J800 型）、微电脑自动贴标机（LM-230 系列）等。

（1）上贴式不干胶自动贴标机（J800 型）

上贴式不干胶自动贴标机（J800 型）可实现在扁平物体上贴标，电眼检测，旋转编码器追踪，确保出标速度与输送速度精确同步，同时速度随意可调，也可实现封口，凹陷部位的贴标。

上贴式不干胶自动贴标机（J800 型）可使用国产材料制作的标签，大大降低标签成本；操作简单，调校方便；具有计数功能；可单机或衔接流水线操作；选用进口电气元件。

（2）微电脑自动贴标机（LM-230 系列）

微电脑自动贴标机（LM-230 系列）适合贴附不干胶标签于各种平面容器或安装于自动生产线，饮料充填包装线使用。微电脑自动贴标机(LM-230 系列)采用标准单位化设计理念,全部模具化生产及 CNC 精密加工制作,大量生产,质量优,价格低,主机与控制分离设计,结构轻巧,调整容易,左右式可互换,满足客户安装需求。

2. 电子标签打印机

智能标签制作与传统标签的印刷有着很大的区别,首先,从智能标签的定义上来看,智能是由芯片、天线等组成的射频电路;而标签是由标签印刷工艺使射频电路具有商业化的外衣。其次,从印刷的角度来看,智能标签的出现会给传统标签印刷带来更高的含金量。智能标签的芯片层可以用纸、PE、PET 甚至纺织品等材料封装并进行印刷,制成不干胶贴纸、纸卡、吊标或其他类型的标签。由于芯片是智能标签的关键,由其特殊结构决定,不能承受印刷机的压力,所以,除喷墨印刷外,一般是采用先印刷面层,再与芯片层复合、模切的工艺。

在智能标签制印中,对制作工艺有其独特的要求,主要应注意高成品率、厚纸印刷和复合加工。

在高成品率上,由于智能标签本身的价值要高于普通印刷标签许多倍,所以在给企业带来高利润的同时,印刷品高成品率尤为重要。尤其是许多产品都要求多色 UV 墨印刷、上光、上胶,印量大的标签大多数还采用卷到卷印刷或无接口印刷(通花)等方式加工,由于加工工序多,也加大了成品的筛选难度。

对于厚纸印刷,在卡纸加工中,必须注意设备对 350g 厚的卡纸要有良好的印刷适性,卡纸印刷中要保持纸带的张力稳定,保证印刷累计套印误差降到最小,因此如果每个画面都套印很准,但是画面之间的间距产生误差较大,也会给智能标签印刷后的复合和模切工序造成麻烦。

至于复合加工,它是智能标签加工中的关键工序,在复合加工中不仅要求每个标签之间的尺寸不会因为张力变化而改变,而且对于薄膜类材料,还要考虑拉伸变形造成标签间距增加的程度,并做适当调整。

常见的电子标签打印机有电子标签打印机(DYMO 330)、智能 RFID 标签打印机等。

(1)电子标签打印机(DYMO 330)

电子标签打印机(DYMO 330)有多种标签通过计算机直接打印:即时地址(stant address)、装运、名称标志和杠杆拱形文件(1everarch file)。

电子标签打印机(DYMO 330)的分辨率为 300dpi,每分钟打印 32 个标签,最大标签尺寸为 56mm(16 标准格式),采用直接加热技术,无须墨水、网络兼容、USB 或串行连接。

(2)智能 RFID 标签打印机

智能 RFID 标签打印机是一款面向 RFID 应用多功能的标签打印机。无须主机系统编程便可同时对 RFID 标签编码和进行条码、文字、图形打印。可脱机工作,独立完成打印和编码任务。此外,还可选配各种工业 I/O 卡、通信接口卡和无线网络接口卡。

3.3.3 RFID 中间件

RFID 中间件扮演 RFID 标签和应用程序之间的中介角色,从应用程序端使用中间件所提供一组通用的应用程序接口(API),即能连到 RFID 读写器,读取 RFID 标签数据。这样一来,即使存储 RFID 标签情报的数据库软件或后端应用程序增加或改由其他软件取代,或者读写 RFID 读写器种类增加等情况发生时,应用端无须修改也能处理,省去多对多连接的维护复杂性问题。

RFID 中间件除具有一般中间件数据处理功能外,更兼具主动控制和管理 RFID 设备、网络安全管理、智能区域化管理、标准和数据管理的特点。

RFID 通用中间件支持不同频段不同厂商的 RFID 读写设备及不同的通信协议、可实现与其他应用软件无缝隙连接、提供图形化的操作界面,方便使用、提供分布式的网络架构,不受地域限制、支持多个操作系统。通用中间件的总体框架图如图 3-12 所示。

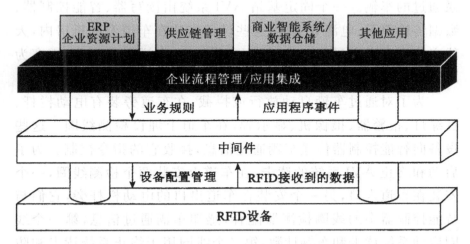

图 3-12 RFID 通用中间件的总体框架图

3.4 射频识别技术应用

RFID 技术及系统的应用领域十分广阔,涉及现实生活的方方面面,尤其是在商品流通、自动收费与交通管理领域。可以毫不夸张的预测,RFID 的任何一种应用如果成为现实,都将会孕育一个庞大的市场。RFID 技术及系统将是未来一个新的经济增长点。

1. 车辆自动识别

车辆自动识别(Automatic Vehecle Identification,AVI)以 RFID 技术为手段,旨在实现对各种车辆的自动识别,进一步实现车辆自动收费、跟踪、停泊管理等功能。AVI 已成为全球范围内 RFID 技术广泛应用的重要领域之一。

AVI 系统有如下两种形式。

(1)固定基站 AVI 系统

固定基站 AVI 系统一般用于海关或检查站,检查、识别和记录通过的车辆。一个固定基站 AVI 系统由读写器、智能控制器、数据传输单元、电源等组成,这些设备安装在车道旁的机房内,天线安装在车道旁(侧装)或顶篷上(顶装)。车道需经渠化,道宽为 3.2～3.5m。

为了对通过车辆自动放行或拦截,在车道旁装有电动栏杆、红绿灯、报警器、摄像机、显示牌,在车道上埋设检测线圈。这些设备向智能控制器传递车辆通过信息,接收它的指令控制。为了启动和终止 AVI 系统的读卡,在车道上安装两个检测线圈,一个安装在车道入口,另一个安装在车道出口的电动栏杆旁,它们与智能控制器中的线圈检测器配合,感知车辆通过信息,第一个线圈启动系统读卡和车辆计数,第二个线圈用于终止系统读卡和防止栏杆砸车。

当安装有射频卡的车辆通过车道时,系统读到卡中的识别地址(ID)号和车牌号,叠加上通过时间和车道号,存入智能控制器的存储器里。数据传输单元将系统采集到的车辆数据信息,通过通信网络(如 DDN 网)传到管理中心(或计算中心),同时将管理中心的控制指令下达到 AVI 系统,决定对车辆自动放行还是进行拦截。

对一般车辆而言,采用无源射频卡时,系统的读卡距离最大可达 6m;采用有源射频卡时,读卡距离可达到 10～20m。

(2)移动式 AVI 系统

移动式 AVI 系统广泛应用于需要机动性的车辆识别场合,如公安刑侦、路政稽查、重要会议安全保卫。移动式 AVI 系统可随时开动并停靠在指定的路旁(或会场入口),对过往车辆进行突击检查和识别。它的设备配置与 AVI 系统固定基站类似,但是更简化,如不配红绿灯、电动栏杆、检测线圈。移动式 AVI 系统可安装在一辆改装的中巴车上。其中,采用便携式八木天线和小型乐声报警器。用手机通过移动通信网(GSM),以发短消息的方式,与指挥中心保持通信联系或进行数据信息交换。车上电源可以采用逆变电源,由蓄电池供电。

如果需要报告移动式 AVI 系统的位置,车上也可配置 GPS 接收机,通过手机发短消息的方法,向指挥中心传输移动站的地理位置。

2. 不停车电子收费系统

不停车电子收费(Electronic Toll Connection,ETC)系统是智能交通的重要组成环节,在高速公路、路桥、机场、港口等收费站得到广泛应用。不停车电子收费系统可以显著提高经济效益,避免车辆堵塞,保证道路畅通。

ETC 系统的配置与固定 AVI 系统相似,只不过 ETC 系统比 AVI 系统的外部设备多一项费额显示牌。

当载有电子标签的车辆通过收费站时,ETC 系统读到电子标签中的 ID 号和车牌号,叠加上通过时间和车道号,存入 ETC 系统的内存,并通过数据传输单元和通信网络,将数据信息传到收费统计中心。可以采取类似 GSM 手机缴费扣费的办法,根据车辆的车型和通过次数自动扣费。车辆通过收费站,ETC 系统读到电子标签中的数据,有标签车辆被自动放行,无标签车或未缴费车辆将被拦截(栏杆放下,红灯亮,报警)。

3. 高速公路自动收费及交通管理

高速公路自动收费系统是 RFID 技术最成功的应用之一。目前中国的高速公路发展非常快。高速公路迅速发展的同时也带来了高速公路收费的问题。一是交通堵塞,收费站口,许多车辆要停车排队,成为交通瓶颈;二是少数不法的收费员贪污路费,使国家损失了相当一部分的财政收入。建立基于 RFID 技术的高速公路自动收费系统可以充分发挥 RFID 非接触识别的优势,让车辆高速通过收费站的同时自动完成收费,同时也可以解决收费员贪污路费及交通拥堵的问题。

由于车辆行驶速度快，其大小和形状不同，因而 RFID 系统需要很快的读写速度，天线与车辆需要大约 4m 的读写距离，系统的工作频率通常在 900MHz 或 2500MHz。射频卡一般安装在车的挡风玻璃后面。为了能同时满足自动收费和人工收费的需要，最实用的方案是将多车道的收费口分两个部分：自动收费口和人工收费口。射频阅读器或射频天线架设在道路的上方距收费口50～100m 处，当车辆经过射频阅读器或射频天线时，车上的射频卡被天线或阅读器接收并识别。根据识别结果，RFID 系统的读写器指示灯指示车辆进入不同车道。人工收费口仍维持现有的操作方式，进入自动收费口的车辆，养路费款被自动从用户账户上扣除，与此同时，RFID 系统用指示灯或蜂鸣器告诉司机收费是否完成，并控制挡车器放下，让车辆不用停车就可通过，挡车器将拦下恶意闯入的车辆。

在城市交通方面，交通的状况日趋拥挤，解决交通问题不能只依赖于修路。加强交通的指挥、控制、疏导，提高道路的利用率，深挖现有交通潜能也是非常重要的。而基于 RFID 技术的实时交通督导和最佳路线电子地图将很快成为现实。用 RFID 技术实时跟踪车辆，通过交通控制中心的网络在各个路段向司机报告交通状况，指挥车辆绕开堵塞路段，并用电子地图实时显示交通状况。使得交通流向均匀，大大提高道路利用率。还可用于车辆特权控制，在信号灯处给警车、应急车辆、公共汽车等行驶特权；自动查处违章车辆，记录违章情况。另外，公共汽车站实时跟踪指示公共汽车到站时间及自动显示乘客信息，给乘客很大的方便。用 RFID 技术能使交通的指挥自动化、法制化，有助于改善交通状况。

将上述各个 AVI 固定基站、移动站、ETC 站、AEI 站等通过通信网络与车辆信息监控管理中心连接起来，就可构成车辆信息管理平台。这种平台将成为智能交通系统（ITS）的重要组成部分。

4. 门禁保安

重要军事或机要部门、停车场、住宅小区，可以采用门禁保安（Gate Access Identification，GAI）系统实现对进出大门的车辆进行识别和控制。

GAI 系统的配置与固定式 AVI 系统类似，只是采用低功耗悦耳的音乐提示器替代普通的报警器，避免干扰周围人员的工作和居住环境。

如果进出大门的车道宽度能够容纳 2 辆车并行，为了降低系统成本，可以用一个读写器接 2 个天线，一个天线面向进口，另一个天线面向出口，利用双向识别技术，完成对进出车辆的识别和数据信息交换。

为了增加进出住宅小区、停车场车辆的防盗功能，可以给每辆车配备 2 张 RFID 卡，一张固定在车辆挡风玻璃上（称为车卡），另一张由司机携带（称为司机卡），通过 GAI 系统时，司机可以将它放在车上适当位置（挡风玻璃上或仪表盘上），也可手持对准天线。

采用双卡识别技术，完成对 2 张卡的识别和数据信息交换。只有当 2 张卡的车牌号完全一致时，该车才能自动放行，否则就会被拦截。

5. 自动设备识别系统

自动设备识别（Automatic Equipment Identiffication，AEI）系统主要是指对集装箱的识别。发达国家的货运，包括海洋运输和铁路、公路运输，主要采用集装箱运输，既安全又便于物流管理。

在集装箱上安装射频卡，在卡中写入集装箱号及箱内货物编号、数量、发货地及到货站。集装箱随船（汽车或火车甚至飞机）启运或到达港站时，AEI 系统对其进行识别和数据信息交换。

AEI 系统的设备配置与 AVI 系统基站相似，只是应根据实际应用减少一些配置，如电动栏杆、红绿灯或报警器等。

RFID 系统的应用范围远不止上述几类，还广泛应用于物流供应链管理，安全、防伪，公共交通电子车票，铁路货运编组调度系统，邮件、邮包的自动分拣系统等各种不同的应用领域，随着对 RFID 系统研究和开发的深入，RFID 系统必将渗透到人们生活和工作的各个领域。

3.5　对射频识别技术的未来展望

RFID 技术的发展，一方面受到应用需求的驱动，另一方面 RFID 产品的成功应用反过来又极大地促进了应用需求的扩展。从技术角度来说，RFID 技术的发展体现在若干关键技术的突破上；从应用角度来说，RFID 技术的发展目的在于不断满足日益增长的应用需求。

RFID 技术的发展得益于多项技术的综合性发展，所涉及的关键技术大致包括芯片技术、天线技术、无线收发技术、数据变换与编码技术、电磁传播特性。

RFID 技术的发展已经走过 50 余年，在过去的 10 多年里得到了更快的发展。随着技术的不断进步，RFID 产品的种类将会越来越丰富，应用也会越来越广泛。可以预计，在未来的几年中，RFID 技术将持续保持高速发展的势头。

RFID 技术的发展将会在电子标签（射频标签）、读写器、系统种类、标准化等方面取得新的进展。

1. RFID 电子标签方面

电子标签芯片所需的功耗更低，无源标签、半无源标签技术更趋成熟，未来的发展方向包括：

①作用距离更远；

②无线可读写性能更加完善；

③适合高速移动物品的识别；

④快速、多标签读/写功能的提高；

⑤一致性更好；

⑥强磁场下的自保护功能更完善；

⑦智能性更强；

⑧成本更低。

2. RFID 读写器方面

RFID 读写器未来的发展方向包括：

①多功能（与条码识读集成、无线数据传输、脱机工作等）；

②智能多天线端口；

③多种数据接口（RS232、RS422/485、USB、红外、以太网口）；

④多制式兼容（兼容读写多种标签类型）；

⑤小型化、便携化、嵌入化、模块化；

⑥多频段兼容；

⑦成本更低。

3. RFID 系统种类方面

RFID 系统在种类方面的发展方向包括：

①近距离 RFID 系统具有更高的智能、安全特性；

②高频远距离 RFID 系统性能更加完善，系统更加完善。

4. RFID 标准化方面

RFID 标准的未来发展方向包括：

①标准化的基础性研究更加深入、成熟；

②标准化为更多企业所接受；

③系统、模块可替换性更好、更为普及。

第4章 图像识别技术

随着微电子技术及计算机技术的蓬勃发展,最近兴起了一门新型科学技术——图像识别,它创始于20世纪50年代后期,60年代初开始兴起,经过几十年的发展,已受到许多学科的广泛重视,并在科研与工业生产中,尤其在机器人方面得到了应用。

4.1 图像识别技术的概述

图像识别所提出的问题,是研究用计算机代替人们自动地去处理大量的物理信息,解决人类生理器官所不能识别的问题,从而部分代替了人的脑力劳动。图像识别的研究目的在于研制能自动处理某些信息的系统,以代替人去完成图像分类及辨识的任务。这种系统亦称"识别机"。在视觉、听觉和触觉的识别中,视觉图像识别有特别重大的意义。从信息论的角度来看,"图像"所包含的信息量最大,不仅有灰度,还有色彩;不仅有平面,还有立体等,其内容极为广泛。图像实际上是景物在仪器焦平面上的透视投影。人类识别图像的过程总是先找出它们外形或颜色的某些特征进行比较分析、判断,然后加以分门别类,即识别它们。人们在研制自动识别机时也往往借鉴人的思维活动,采用同样的处理方法。然而图像的灰度与色彩是光强和不同波长的光波所引起的,它们与景物表面的特性、方向、光线条件以及干扰等多种因素有关。在各种恶劣的工作环境里,图像与景物已有较大的差别。因此要把图像分出它属于哪一类,往往要经过预处理、分割、特征抽取、分析、分类、识别等一系列过程。现在这些技术完全可通过电子计算机进行模拟,对图像信息进行处理来达到对它的识别。同时,在图像识别中广泛采用的很多概念、名词术语和方法很多就是从人类认识图像的过程中直接移植过来的。近几十年中,由于数理统计学的发展,总结归纳了人们的认识逻辑,也促进了图像识别的发展,使图像识别有了一定的理论基础。现今,图像识别仍广泛采用,早在 20 世纪 30 年代费肖尔(Fishel)就提出过的、解决两类事情分类问题判别分析的方法,并且还能把多类图像的分类问题化为若干个两类图像的分类问题。最近几年利用模糊数学进行的模糊集识别法,更是模仿人认识思维过程。这些就是从人认识事物的过程中得到的启示,并应用于图像识别技术的简单例证。

图像识别广泛应用于机械、冶金、勘探、农业、造林、渔业、天文气象、医务、邮电、交通、公安、财务等部门以及许多工矿企业中。到目前为止世界各国已经研创了多种多样的自动识别机和有视觉的机器人。利用这些识别机,可以自动地识别小至癌细胞,大至资源勘探的地貌图等各种图像。所以,图像识别的研究是非常有意义的。

4.1.1　图形识别技术的起源与发展

1. 图形识别技术的起源

随着第一张照片的出现,图像开始逐渐为人类所利用,并给人类世界带来了历史性的改变。而第一台计算机的面世,给图像处理与识别技术提供了契机,从此,数字图像处理与识别技术应运而生,并迅速发展,取得了令人意想不到的成果。

1858 年,世界上第一条连接伦敦与纽约之间的海底电缆被成功铺设,全长 2300 海里。1858 年 8 月 16 日,英国维多利亚女王发出了人类有史以来的第一封电报,她致电当时的美国总统詹姆士,向他祝贺电缆的开通。

1921 年,海底电缆传输了第一幅图像,它是利用电报系统对图像进行编码传输的,从此开始了数字处理图像的新篇章。当时对图像使用 5 级灰度值进行编码,传输 3 个小时并通过解码后,得到的图像会有一定的失真。

1922 年，印刷技术有了改进，传输后得到的图像清晰了一些。1929 年，海底电缆传输图像的灰度级从 5 级提高到 15 级，图像质量有了显著的提高。

2. 图像处理与识别技术的发展历程

图像处理技术是指使用计算机对图像进行一系列加工，以达到所需结果的技术。图像处理一般指数字图像处理，虽然某些处理也可以用光学方法或模拟技术实现，但它们远不及数字图像处理那样灵活方便，因此，数字图像处理成为图像处理的主要方面。

数字图像处理技术，指的是用计算机对图像信息进行处理的一门技术，包括利用计算机对图像进行各种处理的技术和方法。

20 世纪 20 年代，数字图像处理技术首次得到应用。60 年代中期，数字图像处理技术在航空领域中得到应用。1964 年，美国喷射推进实验室（JPL）进行了太空探测工作，当时用计算机来处理太空探测器发回的月球图片，以矫正由于摄像机造成的各种不同形式的图像畸变，这些技术都是图像增强和复原的基础。

20 世纪 70 年代末，由于计算机技术和数字技术迅猛发展，给数字图像处理与识别技术提供了先进的技术手段。"图像科学"也就从信息处理、自动控制系统理论、计算机科学、数字通信、电视技术等学科中脱颖而出，成为旨在研究"图像信息的获取、传输、存储、变换、显示、理解与综合利用"的一门崭新学科。

早期图像处理以人为对象改善图像的质量，从而提高人的视觉效果。而对图像进行数字图像处理主要是为了修改图形，改善图像质量，或是从图像中提取有效信息，以及对图像进行体积压缩，便于传输和保存。

数字图像处理技术的发展，可分为以下 3 个阶段。

第一阶段：1946 年，随着世界上第一台计算机的诞生，开始了数字图像处理与识别技术的历史。20 世纪 60 年代，随着三代计算机的研制成功，以及快速傅里叶变换算法的发现和应用，图像的一些算法得以实现,人们开始利用计算机对图像进行数字加工处理。

第二阶段:20 世纪 60～80 年代,各种硬件的发展使得人们不仅能够处理 2D 图像,而且开始处理 3D 图像。与此同时,许多能够获取 3D 图像的设备和处理分析 3D 图像的系统研制成功,数字图像处理技术得到了广泛的发展和应用。

第三阶段:进入 20 世纪 90 年代以来,数字图像处理技术已经逐步进入日常生活的各个方面,被广泛地应用于科学研究、工农业生产、生物医学工程、航空航天、军事、工业检测、机器人视觉、公安司法、军事制导、文化艺术等多个领域。

图像识别的发展大致经历了 3 个阶段:文字识别、图像处理和识别及物体识别。

文字识别的研究是从 1950 年开始的,一般是识别字母、数字和符号,从印刷文字识别到手写文字识别,应用非常广泛,并且已经研制了许多专用设备,例如,邮政读号机就是一种专用文字识别设备,在信封上写上 3 位或 5 位数字,用机器读取分区;还有银行支票、购货账单的识别、语言翻译等。

图像处理和识别的研究是从 1965 年开始的。过去人们主要是对照相技术、光学技术的研究,而现在则是利用计算技术,通过计算机来完成。计算机图像处理不仅可以消除图像的失真、噪声,同时还可以进行图像的增强与复原,然后进行图像的判读、解析与识别,如航空照片的解析、遥感图像的处理与识别等,其用途之广,不胜枚举。

物体识别也就是对三维世界的认识,它是和机器人的研究有着密切关系的一个领域,在图像处理上没有特殊的难点,但必须知道距离信息,并且必须将环境模型化。在自动化技术已从体力劳动向部分智力劳动自动化发展的今天,尽管机器人的研究非常盛行,但还只限于视觉能够观察到的场景。进入 20 世纪 80 年代,随着计算机和信息科学的发展,计算机视觉、人工智能的研究已成为新的动向。

20 多年来,我国图像处理与识别技术的发展更为深入、广泛和迅速。现在,我国的数字图像处理与识别技术已达到国际先进水平,应用于多个领域,成为影响国民经济、国家防务和世界经济的举足轻重的产业。

4.1.2 图像识别的范围

图像处理与识别技术是一门跨学科的前沿高科技。从 20 世纪 80 年代中期到 90 年代取得了突飞猛进的发展,现已广泛地应用在遥感、文件处理、工业检测、机器人视觉、军事、生物医学、地质、海洋、气象、农业、灾害治理、货物检测、邮政编码、金融、公安、银行、工矿企业、冶金、渔业、机械、交通、电子商务、多媒体网络通信等领域。图像识别亦称模式识别,它是随着计算机的发展而兴起的一门新学科。狭义地讲,模式就是图像。图像有两种类型:一种是直观视觉图像,如照片、图案、文字等;另一种是间接转换图像,如语言-声音、心率、地震波等。

人类传递信息主要有 3 个渠道,它们是语言、文字和图像。从信息论的角度来看,"图像"所包含的信息量最大,不仅有灰度,还有色彩;不仅有平面,还有立体等,其内容极为广泛。人类所得到的外界信息有 70% 以上是来自眼睛摄取的图像。在许多场合里,没有任何其他形式比图像所传递的信息更丰富和真切。在各种图像中,最重要的是通过人们视觉所摄取的客观世界的灰度、彩色、形状及空间等信息,并经过大脑高度综合加工而形成的各种图像形式,即视觉图像。例如,人看到一个景物,能回答出它是什么,看到一个数字,能说出它是几,这是人对物体的识别。随着计算机科学的发展,现在完全有可能通过计算机控制系统来模拟人的识别能力。这就是当前图像识别的研究范围。

图 4-1 形象地表示了图像的种类及图像识别各个领域之间的关系,共分成文字识别、图形处理、图像处理、物体(二维)识别和声音识别等 5 个领域,联结它们的是模式识别理论(如统计决定理论、信息理论、句法结构识别理论等)。为了进行识别,还有各种判别方法,如逻辑判定法、线性预测法、傅里叶解析等。

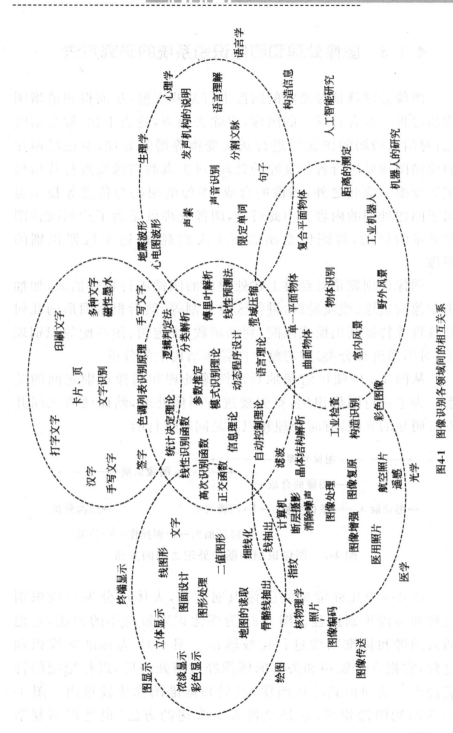

图4-1 图像识别各领域间的相互关系

4.1.3 图像处理和图像识别系统的研究方法

图像处理就是对给定的图像进行某些变换,从而得到清晰图像的过程。对含有噪声的图像,要除去噪声,滤去干扰,提高信噪比;对信息微弱的图像要进行灰度变换等增强处理;对已经退化的模糊图像要进行各种复原的处理;对失真的图像要进行几何校正等变换。除此之外,图像的合成、图像的编码与传送等技术也属于图像处理的内容。由此可见,图像处理就是为了达到改善图像质量的目的,将图像变换成便于人们观察、适于机器识别的图像。

图像识别就是对经过上述处理后的图像进行特征抽取,如抽出图像的边缘、线及轮廓,进行区域分割等,然后根据图形的几何及纹理等特征利用模式匹配、判别函数,决定树、图匹配等识别理论,对图像进行分类,并对整个图像作结构上的分析。

从图 4-2 中便可清楚地看出图像处理和图像识别之间的关系。为了进行图像识别,首先要进行图像处理,然而两者之间并没有明显的界限,有时处理和识别是同时进行的。

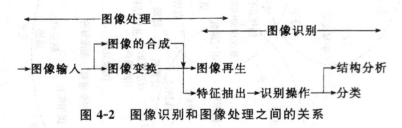

图 4-2 图像识别和图像处理之间的关系

图 4-3 为几种常见的图像识别过程,大体可分为一段识别过程和多段识别过程。图 4-3a 为图像识别最简单的方法,它把插入图像和标准图像进行比较输出。图 4-3b 为标准图像识别过程,它把含有噪声和失真的图像经过前处理后,进行稳定的特征抽出。从而得到特征图像,然后和标准图像比较输出。图 4-3c 为结构图像识别,它是机器人上常用的方法,也是识别复杂

图像所采用的一种方法。这种识别分为两个阶段：一是局部识别；二是全局识别。对于复杂的图像，其特征也比较复杂，所以首先必须进行适当的判断，其次进行全局识别。例如，要识别桌子，首先是抽出桌子的基本要素，即水平面和几条纵线，其次是如何把这些局部要素组成有意义的整体，也就是结构上的研究，称为全局识别。在这里加入人的解释内容，如图像的意义、文脉、模型等。

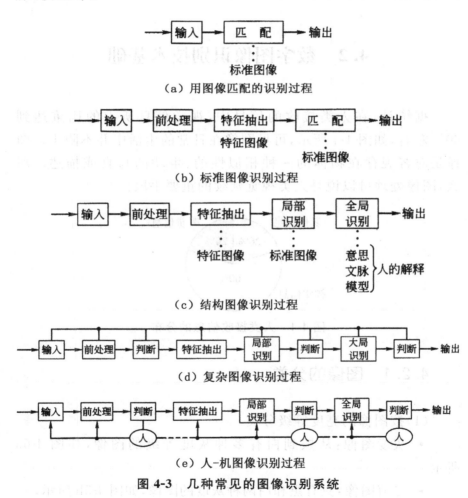

（a）用图像匹配的识别过程

（b）标准图像识别过程

（c）结构图像识别过程

（d）复杂图像识别过程

（e）人-机图像识别过程

图 4-3　几种常见的图像识别系统

上述识别过程，从输入到判断输出都是单方向进行的。如果在识别过程中加入反馈的概念就构成了如图 4-3d 所示的复杂图像识别过程。在这种识别方法中，加入了判断的环节，判断结果若不是预想的或离开某一范围，就要查其原因，反馈到以前各处理部分，再一次进行。这种系统比较复杂，而且很费时间。但对复杂图像的识别是非常有效的，并会得到较好的结果。图 4-3e 所示为人-机对话式图像识别系统。

4.2　数字图像识别技术基础

据统计，在人类接收的信息中，视觉信息所占的比重达到 60% 左右，如图 4-4 所示，可见图像在日常的生活中并不陌生。图像是对客观存在物体的一种相似性的、生动的写真或描述。那么，图像处理可以说是人类视觉延续的重要手段。

图 4-4　人类接收信息的分布

4.2.1　图像的分类

（1）按图像的亮度等级分类

• 灰度图像：从黑到白有多种灰度等级的图像，如图 4-5a 所示。

• 二值图像：只有黑和白两种灰度的图像，如图 4-5b 所示。

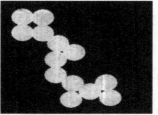

（a）灰度图像　　　　　　（b）二值图像

图 4-5　按亮度等级分类

（2）按图像的光谱分类

①彩色图像：图像中的每一个像素有多于一个的局部特征。彩色图像每一个像素由 RGB 三原色构成现实中的彩色信息。

②黑白图像：与彩色图像相对，黑白图像中的每一像素点有一个局域特征。

（3）按图像是否随时间变换分类

①静止图像：不随时间变换而变换的图像，如拍摄下存储于计算机中的照片。

②活动图像：随着时间变换而变换的图像，如视频短片和电视画面。

（4）按图像所占空间和维数分类

①二维图像：平面图像，如图 4-6a 所示。

②三维图像：空间图像，如图 4-6b 所示。

（a）二维图像　　　　　　（b）三维图像

图 4-6　按维数分类

4.2.2　图像的描述及数字化过程

1. 图像的描述公式

人们所研究的图像，它和二维光强度函数有关，用 $f(x,y)$ 表示。意思是说，在空间坐标 (x,y) 处的振幅值 f 就是该点图像的光强度（亮度）。因为光是能量的一种形式，故 $f(x,y)$ 必须大于零，且是有限值，即

$$0 < f(x,y) < \infty \tag{4-1}$$

人的视觉所感受到的图像，一般都是由物体反射光组成的。$f(x,y)$ 的主要性质可被看成由入射光及物体的反射光决定的。它们分别称为照射分量 $i(x,y)$ 和反射分量 $r(x,y)$。函数 $i(x,y)$ 和 $r(x,y)$ 之积形成图像 $f(x,y)$，即

$$f(x,y) = i(x,y)r(x,y) \tag{4-2}$$

式中：

$$0 < i(x,y) < \infty \tag{4-3}$$

$$0 < r(x,y) < 1 \tag{4-4}$$

当 $r(x,y) = 0$ 时，为全吸收；当 $r(x,y) = 1$ 时，为全反射，$r(x,y)$ 由物体的性质决定。例如，黑天鹅绒的反射分量为 0.01，不锈钢的反射分量为 0.65，单调的墙涂料为 0.80，雪为 0.93，镀银金属为 0.90。照射分量 $i(x,y)$ 由光源决定。在坐标 (x,y) 处的单色图像 f 的强度被称为该点图像的灰度级 l，也叫作该点图像的灰度值（Gray Level）。由式(4-2)、式(4-3)和式(4-4)可知，l 的范围为：

$$L_{\min} \leqslant l \leqslant L_{\max} \tag{4-5}$$

在理论上，对 $L_{\min}$ 的要求是它必须为正；对 $L_{\max}$ 的要求是它必须是有限的。而实际上，$L_{\min} = i_{\min} r_{\min}$，$L_{\max} = i_{\max} r_{\max}$。利用上述照射分量和反射分量的值作为标准界限，可以认为在室内图像处理应用时，$L_{\min} \approx 0.05$，而 $L_{\max} \approx 100$。

间隔 $[L_{min},L_{max}]$ 也叫作灰度范围。在使用时,通常把间隔数值规定在 $[0,L]$ 范围内。当 $l=0$ 时,被认为是全黑,当 $l=L$ 时,被认为是全白,其中间值是由黑连续变为白时的灰度级。

为了适应计算机的需要,图像 $f(x,y)$ 在空间和幅度上都必须数字化。也就是说把模拟连续图像变换为数字离散图像必须经过采样(Sampling)和量化(Quantizing)两个步骤。空间坐标 (x,y) 的数字化称为图像采样,幅度数字化称为图像量化。

连续图像 $f(x,y)$ 可以按等间隔采样,在 (x,y) 平面上分成网眼似的小格子,每个格子上给予整数值,表示地址,如图 4-7 所示。也可用 $n\times n$ 矩阵表示如下:

$$f(x,y)\approx\begin{vmatrix} f(0,0) & f(0,1) & \cdots & f(0,n-1) \\ f(1,0) & f(1,1) & \cdots & f(1,n-1) \\ \vdots & \vdots & & \vdots \\ f(n-1,0) & f(n-1,1) & \cdots & f(n-1,n-1) \end{vmatrix}$$

(4-6)

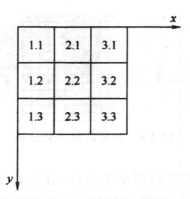

图 4-7　图像的像素采样

每个小方格子或矩阵中的每一元素被称为像素。每个像素的灰度再进行数字化,叫作图像的量化,通常用 m 级(比特数)表示。经过上述处理后,一幅数字化图像所需要的存储位用下式表示:

$$b=n\times n\times m$$

(4-7)

例如，128×128 的图像，每个像素的灰度级为 64（6bit），则需要的存储位为 98304。一般来说，n 和 m 越大，图像的近似程度越好，图像越清晰。但是 n 和 m 增加，存储量大，且处理时间长。n 和 m 的选择取决于图像的性质和处理目的及要求。例如，对数字和文字等简单的图像，用 32×32×1 比较合适，而复杂的图像则采用 256×256×8 或 512×512×8 比较合适。

必须指出，当 n 和 m 增加时，并不是所有图像的质量都会提高，在个别情况下，图像质量随 m 的减小而得到改善。这是因为 m 减小，会使图像的对比度增加。有时也可以采用非均匀采样和非均匀量化，但这样做容易使问题复杂化，因此很少被采用。

2. 图像的数字化过程

如同连续时间信号的数字化过程一样，图像的数字化过程需要经过抽样、量化、编码 3 个过程。下面以一张玩具鸭子的图片为例，说明图像的数字化过程，如图 4-8 所示。

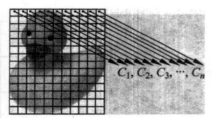

$C_1, C_2, C_3, \cdots, C_n$

图 4-8　图像的数字化过程

首先，要对图像进行栅格化处理，分成若干小块，这个过程称为抽样过程。栅格化越细，图像的分辨率越高，图像显示处理越清晰。

其次，每块用一个数字来表示，这个过程称为量化过程。如果图像是灰度图像，通常把纯黑色描述为"0"，纯白色描述为"255"，那么，中间可分为 256 级用以描述中间的过渡色。如果图像是二值图像，那么，纯黑色描述为"0"，纯白色描述为"1"。如果图像为彩色图像，则每一像素会通过 3 个分量来描述，每一分量常采用 256 级量化。

　　图像的编码可分成无损压缩和有损压缩两种类型,常见的编码方法有香农编码、费诺编码、霍夫曼编码、游程编码、算术编码,以及基于小波变换的编码等。实际中,针对不同需求的图像,常采用不同的压缩编码方法。目前数字图像常采用有损的压缩编码方法,如手机或数码相机拍摄的 JPEG 图像。

4.3　计算机数字图像处理系统

　　数字图像处理系统是执行处理图像、分析理解图像信息任务的计算机系统。尽管图像处理技术应用广泛,图像处理系统种类很多,但它们的基本组成是相近的。它们主要含有:图像输入设备、执行处理分析与控制的计算机及图像处理机、输出设备、存储系统中的图像数据库、图像处理程序库与模型库。系统的结构原理框图如图 4-9 所示。

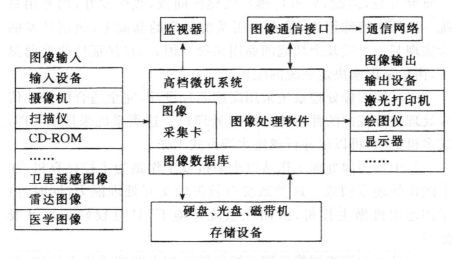

图 4-9　微机图像处理系统示意图

数字图像处理与其他数据处理的不同之处是其庞大的数据处理量和存储量,以及对图像的显示。一帧512像素×512像素的真彩色图像,在不进行压缩的情况下,需要780kB的存储量和颜色数为224种的真彩色显示。因此,无论从硬件的配置还是从软件环境上讲,计算机图像处理系统都区别于其他的计算机系统,从而形成了专门的图像处理计算机系统。

4.3.1　计算机图像处理系统的分类

计算机图像处理技术是以计算机为核心的应用技术,因此,计算机图像处理系统的发展,是随着计算机技术的提高而发展起来的。从系统的层次看,可分为高、中、低3个档次;从图像传感器的敏感区域看,又可分成可见光、红外、近红外、X射线、雷达、γ射线、超声波等图像处理系统;从采集部件与景物的距离上来说,还可分成遥感、宏观和微观图像处理系统;就应用场所而言,又能分成通用图像处理系统和专用图像处理系统。通用系统一般用于研究开发,因此,要求传感器敏感区间宽,线性度好;而专用系统一般用于特殊用途,是在通用系统研究的基础上,研制开发的为实现某一个或几个功能的商用系统。因此,在保证性能的前提下,由价格因素决定系统的配置。

①高档图像处理系统采用高速芯片设计,完全适合图像和信号处理特有规律的并行阵列图像处理机。这类系统采用多CPU或多机结构,可以以并行或流水线方式工作。

②中档图像处理工作站以小型机或工作站为主控计算机,加上图像处理器构成。这类系统有较强的交互处理能力,同时,由于用通用机做主控机,因而在系统环境下,具有较好的再开发能力。

③低档的微机图像处理系统由微机加上图像采集卡构成,其结构简单,是一种便于普及和推广的图像处理系统。

4.3.2　计算机图像处理系统的流程

　　数字图像处理的各个内容是互相有联系的。一个实用的数字图像处理系统往往需要结合几种图像处理技术，才能得到所需要的结果。图像数字化是将一个图像变换为适合计算机处理形式的第一步。图像编码技术可用以传输和存储图像。图像增强和复原可以是图像处理的最终目的，也可以是为进一步的处理作准备。通过图像分割得出的图像特征，可以作为最终结果，也可以作为下一步图像分析的基础。

　　数字图像处理系统常分成预处理、检测与定位、特征提取、特征识别几个流程。

1. 预处理

　　图像在传输和保存的过程中，可能会由于各种原因（如成像、复制、扫描、传输以及显示等）受到一些干扰，使得图像的质量发生一些变化；也许有时人的肉眼不能发现图像的变化，但是对于机器而言，它的影响是很大的，可能导致检测结果不精确、识别结果误判或漏检等问题。预处理过程的目的就是消除这些干扰因素对图像的影响，改善图像的质量。

　　常见的图像预处理方法可分成两种：空间域的预处理方法和变换域的预处理方法。空间域的预处理方法有：灰度均衡化处理、尺寸归一化处理、色彩空间归一化处理等。变换域的预处理方法有：DCT 变换、DFT 变换、小波变换、滤波处理等。

2. 检测与定位

　　针对一幅未知图像，首先需要利用数字图像处理技术对图像进行分析，确定图像中是否有目标图像。如果有，则对其进行定位；如果没有，给出检测结果。这样将便于进一步的图像处理工作。同时这一环节也是后续处理的关键，会直接影响识别结果的效果。

常见的检测方法有基于模板的检测方法、基于几何特征的检测方法和基于彩色信息的检测方法等。

3. 特征提取

所谓特征提取，在广义上讲，就是指一种变换。对于一个样本，它的原始特征的数量可能很大，此时可以说样本处于一个高维空间中，而通过映射（或变换）的方法用低维空间来表示样本，这个过程就叫作特征提取（Feature Extraction）。映射后的特征被称为二次特征，它们是原始特征的某种组合（通常是线性组合）。若 Y 是数据空间，X 是特征空间，则变换 A：Y—X 就叫作特征提取器。

常见的特征提取方法有基于代数特征的提取方法和基于几何特征的提取方法等。

4. 分类识别

分类识别是指利用掌握的特征信息，对未知的训练样本按照某种判别准则进行分析，得出分类后的结果。常见的有两种分类识别方式：监督分类识别方式和非监督分类识别方式。例如，属于监督分类识别的距离分类器、神经网络分类器、支持向量机分类器，属于非监督分类识别的聚类分类器等。

一般的图像处理系统可以用结构图来描述，如图 4-10 所示。

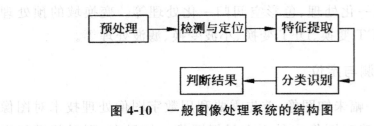

图 4-10　一般图像处理系统的结构图

如果系统是一个自学习的自动识别系统，也可以通过结构图来描述，如图 4-11 所示。

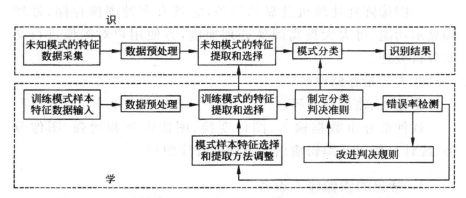

图 4-11　具备学习能力的自动识别图像处理系统的结构图

在实际中,具体的系统可以根据需要,对上述系统进行修改,以达到自动识别的目的。

4.3.3　计算机图像处理技术的硬件设备

数字图像处理系统的基本结构如图 4-12 所示,由图像输入设备、图像运算处理设备(计算机)、图像存储器、图像输出设备等组成。

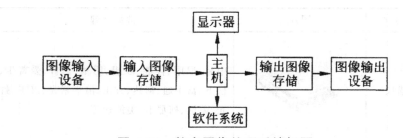

图 4-12　数字图像处理系统框图

数字图像处理系统是进行图像数字处理及其数字制图的设备系统,包括计算机硬件和软件系统。硬件部分的组成包括:

①计算机,按照程序控制,计算机可执行范围广泛的数据处理任务。

②图像阵列处理机及显示设备，它具有多种图像存储、处理和显示功能，可大大提高图像处理速度，方便用户对图像进行交互分析处理。

③大容量存储设备。

④输入、输出设备等。

软件部分由数据输入、图像变换、图像恢复和增强、图像分类、统计分析以及编辑输出等方面的程序组成。

1. 常见的图像输入设备

图像输入设备的功能是完成图像的采集、数字化转换、存储，并通过专用接口与主机通信，完成图像信息的输入。主要设备包括扫描仪、数码相机、摄像机和图像采集卡等，见表4-1。

2. 常见的图像输出设备

图像输出设备的功能是完成对图像的输出。根据不同的输出目标和载体，可以分为3类：存储器类、显示器类、打印机类，见表4-2。

表4-1　常见的图像采集设备

设备类别	图片	常见品牌
扫描仪		中晶、尼康、佳能、联想、明基、惠普、爱普生、松下、富士通、柯达、方正、清华紫光、汉王、虹光、蒙恬、柯尼卡、美能达等
数码相机		佳能、尼康、索尼、富士、松下、三星、宾得、奥林巴斯、莱卡、卡西欧、柯达、明基、哈苏、理光、爱国者、飞思、适马、禄来、海尔、惠普、拍卡、京华数码、三洋、纽曼等

续表

设备类别	图片	常见品牌
摄像机		索尼、松下、佳能、JVC、三星、莱彩、明基、爱国者、海尔、AEE、菲星、三洋、拍美乐、东芝、柯达、TCL、德浦、索立信、日立等

表 4-2　常见的图像输出设备

设备类别	图片	常见品牌
存储器类（硬盘、软盘、U 盘、移动硬盘、光盘、磁带等）		东芝、西部数据、威刚、日立、联想、纽曼、巴法络、三星、希捷、爱国者等
计算机显示器类		联想、三星、飞利浦、宏基、AOC 等
打印机类		喷墨打印机：惠普、利盟、爱普生、佳能、三星、联想、明基等 激光打印机：爱普生、富士施乐、方正、联想、利盟、佳能、惠普、三星、柯尼卡、美能达、映美、松下、OKI、兄弟等 针式打印机：爱普生、映美、松下、富士通、实达、OKI、Star、得实等 条码打印机：Argox、GODEX、Intermec、TSC 等 票据打印机：爱普生、富士通等 证卡打印机：FARGO、Datacard 等

3. 硬件芯片

（1）数字信号处理器

数字信号处理器（Digital Signal Processor，DSP）是一种独特的微处理器，是以数字信号来处理大量信息的器件。其工作原理是将接收到的模拟信号转换为 0 或 1 的数字信号，再对数字信号进行修改、删除、强化，并在其他系统芯片中，把数字数据解译回模拟数据或实际环境格式。

DSP 不仅具有可编程性，而且其实时运行的速度可达每秒数以千万条的复杂指令程序，远远超过了通用微处理器，是数字化电子世界中日益重要的电脑芯片。它的强大数据处理能力和高运行速度，是最值得称道的两大特色。

目前，德州仪器 TI、Freescale 等半导体厂商在这一领域拥有很强的实力。

（2）现场可编程逻辑门阵列

现场可编程逻辑门阵列（Field Programmable Gate Array，FPGA）是一个含有可编辑元件的半导体设备，是可供使用者现场程序化的逻辑门阵列元件。

一般来说，FPGA 比专用集成电路（ASIC）的速度要慢，无法完成更复杂的设计，而且会消耗更多的电能。

但是，FPGA 具有很多其他的优点，比如可以快速成品，而且其内部逻辑可以被设计者反复修改，从而改正程序中的错误。此外，使用 FPGA 进行调试的成本较低，在一些技术更新较快的行业，FPGA 几乎是电子系统中的必要部件。因为在大批量供货前，必须迅速抢占市场，这时 FPGA 方便灵活的优势就显现出来了。

目前，生产 FPGA 的领先企业为 Xilinx 公司和 Altera 公司。

（3）ARM 公司

ARM（Advanced RISC Machines）公司是微处理器行业的一家知名企业，设计了大量高性能、廉价、耗能低的 RISC 处理器、相关技术及软件。该技术有性能高、成本低和能耗省的特点,适用于多种领域,比如嵌入控制、消费/教育类多媒体、DSP 和移动式应用等。目前,ARM 公司正以强劲的势头占据着高端电子产品市场的份额。

4.4　图像识别技术应用实例

图像是人类获取和交换信息的主要来源,因此,图像处理的应用领域必然涉及人类生活和工作的方方面面。随着人类活动范围的不断扩大,图像处理的应用领域也随之不断扩大。目前的图像处理技术主要应用于遥感、医疗、工业、军事公安、文化艺术、体育等方面。下面详细讲述基于数字图像处理的车辆牌照自动识别系统以及数字图像处理在其他领域中的应用。

4.4.1　汽车牌照自动识别系统

背景介绍:汽车牌照自动识别系统引入了数字摄像和计算机信息管理,采用先进的图像处理、模式识别和人工智能技术,通过对图像的采集和处理,获得更多的信息,从而达到智能化的管理程度。汽车牌照自动识别系统可安装于公路收费站、停车场、十字路口等交通关卡处,其应用前景如下所述。

1. 交通监控

利用车牌识别系统的摄像设备,可以直接监视相应路段的交通状况,获得车辆密度、队长、排队规模等交通信息,防范和观察交通事故。城市智能交通监控系统的框架,如图 4-13 所示。

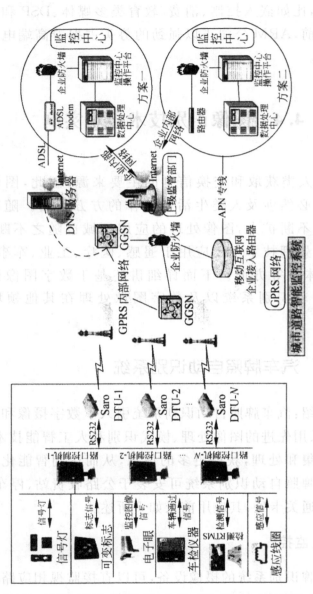

图 4-13 城市智能交通监控系统的框架图

2. 交通流量控制指标参数的测量

为达到交通流量控制的目标,一些交通流量指标参数的测量就显得相当重要。该系统能够测量和统计很多交通流量的指标参数,为交通输导系统提供必要的交通流量信息。

3. 高速公路上的事故自动测报

该系统能够监视道路情况和测量交通流量指标,从而能及时发现高速公路上的超速、堵车、排队、事故等异常现象。

4. 养路费缴纳、安全检查、运营管理实行不停车检查

根据识别出的车牌号码,从数据库中调出该车档案材料,可发现没及时缴纳养路费的车辆。此外,该系统还可发现无车牌车辆。若与车型检测器联用,还可迅速发现所挂车牌与车型不符的车辆。

5. 车辆定位

由于该系统能自动识别车牌号码,因此,极易发现被盗车辆,以及定位出车辆在路上的行驶位置。这为防范、发现和追踪涉及车辆的犯罪,保护重要车辆(如运钞车)的安全有重大作用,从而对城市治安及交通安全起到重要的保障作用。

6. 自动识别非法车辆

将摄像机车辆自动识别系统应用于警务查报站,可以把那些隐藏在合法车辆中的套牌、黑车、逃逸车、盗抢车等不法车辆统统挖掘出来。这种模式的应用可以大大提高涉车、人管理以及涉车治安管理的实现效能,可以解决以下几种问题:①出租车管理及对"黑"出租车的挖掘;②套牌、无牌车辆的稽查;③危险品运输车、渣土车等特种车辆的管理;④涉车案件刑侦和被盗抢车辆的追查;⑤未年审、未交费车辆的查处。

图 4-14 所示为 ETC 电子收费系统的工作示意图。

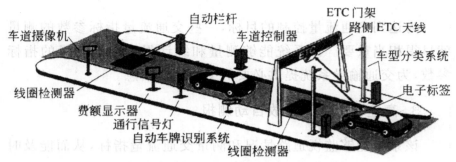

图 4-14　ETC 电子收费系统的工作示意图

4.4.2　计算机图像识别技术在其他领域的应用

1. 航空航天领域

计算机图像识别技术在航天和航空技术方面的应用，除了 JPL（美国一个以无人飞行器探索太阳系的中心，其飞船已经到过全部已知的大行星，是位于加利福尼亚州帕萨迪那美国国家航空航天局的一个下属机构，负责为美国国家航空航天局开发和管理无人空间探测任务，行政上属于加州理工学院管理，始建于 1936 年）对月球、火星照片的处理之外，另一方面是用于飞机和卫星的遥感技术。

许多国家每天派出很多侦察飞机对地球上有兴趣的地区进行大量的空中摄影。对得到的照片进行处理分析，以前需要雇用几千人，而现在改用配备有高级计算机的图像处理系统来判读分析，既节省了人力，又加快了速度，还可以从照片中提取人工不能发现的大量有用情报。

20 世纪 60 年代末，美国及一些国际组织发射了资源遥感卫星（如 LAND SAT 系列）和天空实验室（如 SKY LAB），由于成像条件受飞行器位置、姿态、环境条件等影响，图像质量总体来讲不是很高。以如此昂贵的代价进行简单直观的判读来获取图像是不合算的,必须采用计算机图像识别技术。

如 LAND SAT 系列陆地卫星,采用多波段扫描器(MSS),在900km 高空对地球每一地区以 18 天为一周期进行扫描成像,图像分辨率大致相当于地面上十几米或 100 米左右(如 1983 年发射的 LAND SAT-4,分辨率为 30m)。

这些图像在空中先处理(数字化,编码)成数字信号存入磁带中,在卫星经过地面站上空时,再高速传送下来,交由处理中心分析判读。这些图像无论是在成像、存储、传输或是在判读分析中,都必须采用很多计算机图像识别方法。

现在,世界各国都在利用陆地卫星所获取的图像进行资源调查(如森林调查、海洋泥沙和渔业调查、水资源调查等),灾害检测(如病虫害检测、水火检测、环境污染检测等),资源勘察(如石油勘查、矿产量探测、大型工程地理位置勘探分析等),农业规划(如土壤营养、水分和农作物生长、产量的估算等),城市规划(如地质结构、水源及环境分析等)。中国也陆续开展了以上诸多方面的一些实际应用,并获得了良好的效果。在气象预报和对太空其他星球的研究方面,计算机图像识别技术也发挥了相当大的作用。

2. 生物医学工程

计算机图像识别在生物医学工程方面的应用十分广泛,而且很有成效。除了上面介绍的 CT 技术外,还有一类是对医用显微图像的处理分析,如红细胞、白细胞分类,染色体分析,癌细胞识别等。此外,在 X 光肺部图像增晰、超声波图像处理、心电图分析、立体定向放射治疗等医学诊断方面,都广泛地应用了图像处理技术。

3. 图像通信

当前通信的主要发展方向是声音、文字、图像和数据相结合的多媒体通信,具体来讲,是将电话、电视和计算机以三网合一的方式,在数字通信网络上传输。其中,以图像通信最为复杂和困难,因为图像的数据量十分巨大,如传送彩色电视信号的速率达100Mb/s以上。要将这样高速率的数据实时传送出去,必须采用编码技术来压缩信息的比特量,在一定意义上讲,编码压缩是这些技术成败的关键。除了已应用较广泛的熵编码、DPCM编码、变换编码外,目前国内外正在大力研发新的编码方法,如分行编码、自适应网络编码、小波变换图像压缩编码等。

4. 工业工程

在工业和工程领域中,计算机图像识别技术有着广泛的应用,如自动装配线中检测零件的质量并对零件进行分类,印刷电路板疵病检查,弹性力学照片的应力分析,流体力学图片的阻力和升力分析,邮政信件的自动分拣,在一些有毒、放射性环境内识别工件及物体的形状和排列状态,先进的设计和制造技术中采用工业视觉等。其中值得一提的是,研制出具备视觉、听觉和触觉功能的智能机器人,将会给工农业生产带来新的激励,目前已在工业生产中的喷漆、焊接、装配中得到有效的利用。

5. 军事、公安

在军事方面,计算机图像处理和识别技术主要用于导弹的精确制导,各种侦察照片的判读,具有图像传输、存储和显示的军事自动化指挥系统,飞机、坦克和军舰的模拟训练系统等;公安业务方面,主要用于对图片的判读分析,指纹识别、人脸鉴别、不完整图片的复原,以及交通监控、事故分析等。目前,已投入运行的高速公路不停车自动收费系统中的车辆和车牌的自动识别系统,都是计算机图像识别技术成功应用的例子。计算机图像识别在军事和公安方面的应用最常见的为人脸识别系统。

第 5 章　人脸识别技术

人脸识别技术作为生物特征识别技术的一种,目前逐渐引起广大研究者的关注。人脸识别特指利用分析、比较人脸的视觉特征信息,进行身份鉴别的技术。近年来,已成为模式识别与计算机视觉领域内一项受到普遍重视、研究十分活跃的课题。

5.1　人脸识别技术概述

5.1.1　人脸识别技术的发展历程

人脸识别的研究工作自 20 世纪 60 年代开始以来,经历了 40 多年的发展,已成为图像分析和识别领域最热门的研究内容之一。而我国的研究则起步于 80 年代,虽然起步较晚,但取得了很多研究成果。人脸识别大致可以分为以下 3 个发展阶段。

第一阶段是一般性模式下的脸部特征研究,所采用的主要技术方案是基于人脸的几何结构特征的方法,用一个简单的语句将人脸与数据库中的特征数据联系。这一阶段是人脸识别的初级阶段,人工依赖性较强,基本没有实际方面的应用。

第二阶段是人脸识别成果的井喷期,诞生了很多具有代表性的人脸识别算法,美国军方组织了著名的 FERET 人脸识别算法测试,同期出现了商业化的人脸识别系统,比如最为著名的 Visionics 的 Face It 系统。

第三阶段是真正的机器自动识别阶段，这一阶段主要克服光照、姿态、表情变化对人脸识别的准确性的影响。随着人脸识别的深入研究，很多研究者进行了专门的攻关，并取得了一定的进展。由 Blanz 等人提出的三维可变形模型方法，能够克服不同的姿态和光照的影响，其结果表明，具有较好的识别性能，在 10 人的 2000 张图像的实验中，识别率为 88%。

近年来，生物特征识别技术作为一种身份识别的手段发展神速，得到人们的广泛关注。人脸识别是生物特征识别技术中一个活跃的研究领域，由于其具有直接、友好、方便的特点，成为最容易被接受的生物特征识别方式。

5.1.2 人脸识别技术的应用现状

近年来，人脸检测作为一个单独的课题受到了日益广泛的重视。在会议电视、视频监控以及视频数据压缩等诸多方面具有广泛的应用，特别是近年来的内容检索，尤其是视频检索的研究方兴未艾，人脸作为重要的、稳定的、具有一定语义的检索特征，在新闻片、故事片等各种题材类型的视频中广泛存在，利用检测得到的人脸，可以有效标注、索引以及分类视频。正如前面所说，人脸检测不仅仅是人脸识别的前提和关键，也是其他应用领域中的一项关键技术。

在不断的发展过程中，人们提出了各种人脸识别技术，人脸识别方法得到了很大的发展。由于人脸识别是一种直接、友好、方便、对于使用者无任何心理障碍、容易被人们接受的非侵犯性识别方法，因此，人脸识别的应用范围非常广泛，在许多领域中都有着广阔的应用前景。

在工业领域，自动人脸识别（AFR）系统可以应用于安全成像系统、建筑物的通道控制、工厂的考勤、安全检查系统等。

在商业领域，AFR 系统可应用于银行卡（如信用卡和 ATM 卡）的鉴别、商场或银行的监控（通道控制监视）、小区的保安系统等。

在政府部门,AFR 系统可满足视频会议、移民控制、边境监视、全天候监视、航空港和码头安全检测等的需求。AFR 系统还可用于驾照、护照、个人身份证的鉴定,司法机关的罪犯识别和反恐等活动。

在国防方面,如军事部门出入口的控制、战场监视和军事人员的鉴别等,都能应用 AFR 系统来进行相应的工作。

在医学上,AFR 系统可以通过检测和分析病人的表情等来研究病人的生理反应和进行不间断的监视护理等。

5.1.3　人脸识别技术的研究方向与主要问题

1. 人脸检测与跟踪技术

显然,要识别图像中出现的人脸,首要的一点就是要找到人脸。人脸检测与跟踪研究的就是如何从静态图片或者视频序列中找出人脸,如果存在人脸,则输出人脸的数目、每个人脸的位置及其大小。人脸跟踪就是要在检测到人脸的基础上,在后续的人脸图像中继续捕获人脸的位置及其大小等性质。人脸检测是人脸身份识别的前期工作。同时,人脸检测作为完整的单独功能模块,在智能视频监控、视频检索和视频内容组织等方面有直接的应用。

研究人员提出并实现了在一个复杂背景下的多级结构的人脸检测与跟踪系统,其中采用了模板匹配、特征子脸、彩色信息等人脸检测技术,能够检测平面内旋转的人脸,并可以跟踪任意姿态的运动的人脸。简述如下:这种检测方法是一个两级结构的算法,对于扫描窗口,首先,和人脸模板进行匹配,如果匹配,那么将其投影到人脸子空间,由特征子脸技术判断是否为人脸。模板匹配的方法是按照人脸特征,将人脸图像划分成 14 个不同区域,用每个区域的灰度统计值表示该区域,用整个样本的灰度平均值归一化,从而得到用特征向量表示的人脸模板。通过非监督学习的方法对训练样本聚类,得到参考模板族。将测试图像的模板与参考模板在某种距离测度下匹配,通过阈值判断匹配程度。特征子脸技术的基本思想是从统计的观点,寻找人脸图像分布的基本元素,即人脸图像样本集协方差矩阵的特征向量,以此近似地表征人脸图像。这些特征向量称为特征脸(Eigenface)。实际上,特征脸反映了隐含在人脸样本集合内部的信息和人脸的结构关系。将眼睛、面颊、下颌的样本集协方差矩阵的特征向量称为特征眼、特征颌和特征唇,统称特征子脸。特征子脸在相应的图像空间中张成子空间,称为子脸空间。计算出测试图像窗口在子脸空间的投影距离,若窗口图像满足阈值比较条件,则判断其为人脸。

研究人员还在人脸重心模板技术的基础上改进并实现了一个在复杂背景中、准实时地快速检测人脸的系统。设计了人脸重心模板以实现人脸快速定位,这些人脸模板具有多尺度的检测功能,能适应检测处于复杂背景中任何位置的不同大小的人脸;人脸重心模板上的重心点对应于人脸模式上的各个器官(双眉、双眼、鼻和嘴),重心点之间动态的二维空间约束关系适应于检测具有不同构型的实际人脸。人脸重心模板的匹配是基于从 Mosaic 图像上提取的重心点之上的,而 Mosaic 图像是对人脸器官区域的一种很好的模糊或灰度平均处理,可以很好地提取出各器官的位置,因此不易受特定人脸表情、纹理的影响;对于光照而言,由于光照并不改变人脸器官区域与其他区域的灰度高低不同的这一相对性质,所以也基本上不受光照影响。垂直人脸以纵轴向左右旋转一定角度($-45°\sim+45°$),由于人脸器官呈水平分布,不影响 Mosaic 横边和重心点的提取,所以,水平旋转人脸的检测也不受影响。

除此之外,研究人员还对国际上最新的研究成果基于 AdaBoost 的实时人脸检测方法进行了跟踪研究和实现,其检测速度可以达到平均 15 帧/秒(图像大小是 384×288)。除此之外,还可以很容易地扩展到多姿态人脸检测上去。

2. 面部关键特征定位及人脸 2D 形状检测技术

　　在人脸检测的基础上,面部关键特征检测试图检测人脸上的主要的面部特征点的位置及眼睛和嘴巴等主要器官的形状信息。灰度积分投影曲线分析、模板匹配、可变形模板、Hough 变换、Snake 算子、基于 Gabor 小波变换的弹性图匹配技术、主动性状模型和主动外观模型是常用的方法。

　　可变形模板的主要思想是根据待检测人脸特征的先验的形状信息,定义一个参数描述的形状模型,该模型的参数反映了对应特征形状的可变部分,如位置、大小、角度等,它们最终通过模型与图像的边缘、峰、谷和灰度分布特性的动态交互适应来得以修正。由于模板变形利用了特征区域的全局信息,因此,可以较好地检测出相应的特征形状。又由于可变形模板要采用优化算法在参数空间内进行能量函数极小化,因此,算法的主要缺点在于两点,一是对参数初值的依赖程度高,很容易陷入局部最小;二是计算时间长。针对这两方面的问题,我们采用了一种由粗到细的检测算法。首先,利用人脸器官构造的先验知识、面部图像灰度分布的峰谷和频率特性粗略检测出眼睛、鼻子、嘴、下巴的大致区域和一些关键的特征点;其次,在此基础上,给出了较好的模板初始参数,从而可以大幅提高算法的速度和精度。

　　眼睛是面部最重要的特征,它们的精确定位是识别的关键。研究人员还提出了一种基于区域增长的眼睛定位技术,在人脸检测的基础上,充分利用了眼睛是面部区域内脸部中心的左上方和右上方的灰度谷区这一特性,可以精确快速地定位两个眼睛瞳孔的中心位置。算法采用了基于区域增长的搜索策略,在人脸定位算法给出的大致人脸框架中,估计鼻子的初始位置。然后定义两个初始搜索矩形,分别向左右两眼所处的大致位置生长。该算法根据人眼灰度明显低于面部灰度的特点,利用搜索矩形找到眼部的边缘,最后定位到瞳孔的中心。实验表明,本算法对于人脸大小、姿态和光照的变化,都有较强的适应能力,但在眼部阴影较重的情况下会出现定位不准,佩戴黑框眼镜也会影响本算法的定位结果。

主动形状模型(ASM)和主动外观模型(AAM)是近年来流行的一般对象形状提取算法,其核心思想是在某种局部点模型匹配的基础上,利用统计模型对识别的人脸的形状进行约束,从而转化为一个优化的问题,并期望最终收敛到实际的人脸形状上去。研究人员对 ASM 和 AAM 进行了跟踪研究,发现了 ASM 的一些缺点,在局部模型和局部特征约束方面作了一些改进,同时,注意到 ASM 速度快,精度较低,而 AAM 复杂度高、速度慢的缺点,研究人员建立了二者的融合模型,并取得了初步的结果。

基于图像和形状之间的相关性,研究人员还提出了一种基于图像样例的形状学习算法;首次将学习策略引入了形状提取中,初步的实验表明该算法具有良好的性能。

3. 人脸确认与识别技术

主流的人脸识别技术基本上可以归结为三类,即基于几何特征的方法、基于模板的方法和基于模型的方法。基于几何特征的方法是最早、最传统的方法,通常需要和其他算法结合才能有比较好的效果;基于模板的方法可以分为基于相关匹配的方法、特征脸方法、线性判别分析方法、奇异值分解方法、神经网络方法、动态连接匹配方法等;基于模型的方法则有基于隐马尔柯夫模型、主动形状模型和主动外观模型的方法等。特征脸方法是 20 世纪 90 年代初期由 Turk 和 Pentland 提出的目前最流行的算法之一,具有简单有效的特点,现在 Eigenface 算法已经与经典的模板匹配算法一起成为测试人脸识别系统性能的基准算法;而自 1991 年特征脸技术诞生以来,研究者对其进行了各种各样的实验和理论分析。

近年来,研究人员在对特征脸技术进行认真研究的基础上,尝试了基于特征脸特征提取方法和各种后端分类器相结合的方法,并提出了各种各样的改进版本或扩展算法,主要的研究内容包括线性/非线性判别分析(LDA/KDA)、Bayesian 概率模型、支持矢量机(SVM)、人工神经网络(NN)以及类内和类间双子空间(inter/intra-class dual subspace)分析方法等。

针对 Eigenface 算法的缺点,研究人员提出了特定人脸子空间(FSS)算法。该技术来源于传统的"特征脸",但在本质上区别于传统的"特征脸"人脸识别方法,"特征脸"方法中所有人共有一个人脸子空间,而研究人员的方法则为每一个体人脸建立一个该个体对象所私有的人脸子空间,从而不但能够更好地描述不同个体人脸之间的差异性,而且最大可能地摒弃了对识别不利的类内差异性和噪声,因而比传统的"特征脸算法"具有更好的判别能力。另外,针对每个待识别个体只有单一训练样本的人脸识别问题,研究人员提出了一种基于单一样本生成多个训练样本的技术,从而使得需要多个训练样本的个体人脸子空间方法可以适用于单训练样本人脸识别问题。

弹性图匹配技术是一种基于几何特征和对灰度分布信息进行小波纹理分析相结合的识别算法,由于该算法较好地利用了人脸的结构和灰度分布信息,而且还具有自动精确定位面部特征点的功能,因而具有良好的识别效果,在 FERET 测试中若干指标名列前茅,其缺点是时间复杂度高,实现复杂。研究人员对该算法进行了研究,并提出了一些启发策略。

(1)面像识别中的光照问题

光照变化是影响面像识别性能的最关键因素,对问题的解决程度关系着人脸识别实用化进程的成败。我们将在对其进行系统分析的基础上,考虑对其进行量化研究的可能性,其中包括对光照强度和方向的量化、对人脸反射属性的量化、对面部阴影和照度的分析等。在此基础上。考虑建立描述这些因素的数学模型,以便利用这些光照模型,在人脸图像预处理或者归一化阶段尽可能地补偿乃至消除其对识别性能的影响。重点研究如何从人脸图像中将固有的人脸属性(反射率属性、3D 表面形状属性)

和光源、遮挡及高光等非人脸固有属性分离开来。基于统计视觉模型的反射率属性估计、3D 表面形状估计、光照模式估计，以及任意光照图像生成算法是我们的主要研究内容。具体考虑两种不同的解决思路：

①利用光照模式参数空间估计光照模式，然后进行有针对性的光照补偿，以便消除非均匀正面光照造成的阴影、高光等影响。

②基于光照子空间模型的任意光照图像生成算法，用于生成多个不同光照条件的训练样本，然后利用具有良好的学习能力的人脸识别算法，如子空间法、SVM 等进行识别。

（2）人脸识别中的姿态问题研究

姿态问题涉及头部在三维垂直坐标系中绕 3 个轴的旋转造成的面部变化，其中垂直于图像平面的两个方向的深度旋转会造成面部信息的部分缺失，使得姿态问题成为面像识别的一个技术难题。解决姿态问题有以下 3 种思路：

①学习并记忆多种姿态特征，这对于多姿态人脸数据可以容易获取的情况比较实用，其优点是算法与正面面像识别统一，不需要额外的技术支持，缺点是存储需求大，姿态泛化能力不能确定，不能用于单张照片的人脸识别算法中等。

②基于单张视图生成多角度视图，可以在只能获取用户单张照片的情况下合成该用户的多个学习样本，可以解决训练样本较少的情况下的多姿态人脸识别问题，从而改善识别性能。

③基于姿态不变特征的方法，即寻求那些不随姿态的变化而变化的特征。我们的思路是采用基于统计的视觉模型，将输入姿态图像校正为正面图像，从而可以在统一的姿态空间内作特征的提取和匹配。

因此，基于单姿态视图的多姿态视图生成算法将是我们要研究的核心算法，我们的基本思路是采用机器学习算法学习姿态的 2D 变化模式，并将一般人脸的 3D 模型作为先验知识，补偿 2D 姿态变换中不可见的部分，并将其应用到新的输入图像上去。

5.2　人脸识别技术的基础

5.2.1　人脸识别的含义

人脸识别特指利用分析比较人脸的视觉特征信息进行身份鉴别的计算机技术。一个自动的人脸识别系统的工作可以划分成以下 4 个部分。

①人脸检测（Detection）与分割（Segmentation），即在输入的图像中找到人脸及人脸存在的位置，并将人脸从背景中分割出来。

②人脸的规范化（Normalization），校正人脸在尺度、光照和旋转等方面的变化。

③人脸表征（Face Representation），采用某种方法表示出数据库中的已知人脸和检测出的人脸，通常的方法有几何特征、代数特征、特征脸、固定特征模板等。

④人脸识别（Recognition），根据人脸的表征方法，选择适当的匹配策略，将得到的人脸与数据库中的已知人脸相比较，即对检测与定位的人脸图像预处理后，进行人脸特征提取与匹配识别。

5.2.2　人脸识别技术基本框架

人脸识别系统的基本框架如图 5-1 所示。首先，由传感器（如CCD 摄像机）捕获人脸图像；其次，经预处理来提高图像的品质；最后，根据人脸检测来定位人脸，并将人脸图像设置成预先定义的尺寸。特征提取用于抽取有效的特征，以降低原模式空间的维数；而分类器则根据特征来做出决策分类。

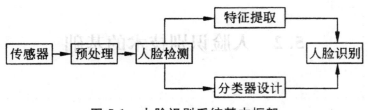

图 5-1　人脸识别系统基本框架

目前，人脸识别技术已从实验室的原型系统逐渐走向商用，出现了大量的识别算法和若干的商业应用系统。然而，人脸识别的研究仍面临着巨大的挑战，人脸图像中姿态、光照、表情、饰物、背景、时间跨度等因素的变化，对人脸识别算法的鲁棒性有负面的影响，一直是影响人脸识别技术进一步实用化的主要障碍。图5-2 所示为从各方面分别克服以上障碍及所获得信息量的具体框图。

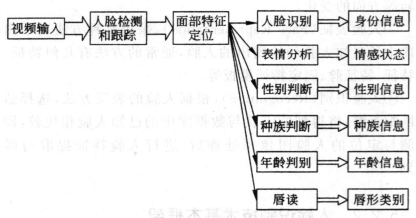

图 5-2　人脸识别过程框图及获得信息

人脸识别过程包含以下 3 个部分。

（1）面貌检测

面貌检测是指在动态的场景与复杂的背景中判断是否存在面像，并分离出这种面像。一般有下列几种方法。

①参考模板法。首先设计一个或数个标准人脸的模板，然后计算测试采集的样品与标准模板之间的匹配程度，并通过阈值来

判断是否存在人脸。

②人脸规则法。由于人脸具有一定的结构分布特征,人脸规则的方法会提取这些特征,生成相应的规则以判断测试样品是否包含人脸。

③样品学习法。样品学习法采用模式识别中人工神经网络的方法,通过对面像样品集和非面像样品集的学习产生分类器。

④肤色模型法。肤色模型法是依据面貌肤色在色彩空间中分布相对集中的规律来进行检测的。

⑤特征子脸法。特征子脸法是将所有面像集合视为一个面像子空间,并基于检测样品与其在子空间的投影之间的距离,判断是否存在面像。

值得提出的是,上述 5 种方法在实际检测系统中可综合采用。

(2)面貌跟踪

面貌跟踪是指对被检测到的面貌进行动态目标跟踪,具体采用基于模型的方法或基于运动与模型相结合的方法。此外,利用肤色模型跟踪也不失为一种简单而有效的手段。

(3)面貌比对

面貌比对是指对被检测到的面貌进行身份确认,或在面像库中进行目标搜索。这实际上就是说,将采样到的面像与库存的面像依次进行比对,并找出最佳的匹配对象。所以,面像的描述决定了面像识别的具体方法与性能。目前主要采用特征向量与面纹模板两种描述方法。

①特征向量法。该方法是先确定眼虹膜、鼻翼、嘴角等面像五官轮廓的大小、位置、距离等属性,然后再计算出它们的几何特征量,而这些特征量形成描述该面像的特征向量。

②面纹模板法。该方法是在库中存储若干标准面像模板或面像器官模板,在进行比对时,将采样面像所有像素与库中所有模板采用归一化相关量度量,进行匹配。

此外，还有采用模式识别的自相关网络或特征与模板相结合的方法。

人体面貌识别技术的核心实际为"局部人体特征分析"和"图形/神经识别算法"。这种算法是利用人体面部各器官及特征部位的方法，如对应几何关系，多数据形成识别参数并与数据库中所有的原始参数进行比较、判断与确认。一般要求判断时间低于 1s。

5.2.3　人脸识别技术原理

以上所述对人脸识别的总体框架有了初步的认识，下面将分别介绍在人脸识别过程中，应用的一些重要技术原理。

（1）基于模糊的图像边缘检测技术

物体的边缘包含了物体形状的重要信息，有着特别重要的意义，有时单凭一条粗糙的边缘就能识别出目标，所以，在图像识别和分析中，物体边缘的检测和抽取技术一直深受人们的重视和关注。

（2）图像分割技术

阈值化技术是图像分割中一个最常用的工具。阈值选取技术不仅是图像增强、边缘检测中的一个常用方法，而且在模式识别与景物分析中也有重要的应用价值，在人脸检测和人脸识别技术中均占有重要的地位，因此，在许多人脸检测和识别系统中，都采用了图像分割技术。

边缘检测和图像分割技术需要先从输入人脸图像中提取出边缘，对边缘进行细化、连接处理，提取出人脸头部的基本轮廓线，然后在此基础上获得人脸的其他特征，如眼睛、眉毛、鼻子和嘴巴等的位置，最后进行识别或确认是否在背景中存在人脸图像。因此，边缘检测和分割效果的好坏，直接影响着这些系统的成败。图 5-3 所示为人脸图像特征点分布图。

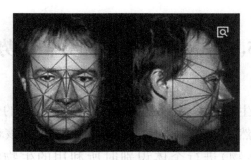

图 5-3　人脸图像特征点分布图

（3）彩色人脸识别技术

在以前人脸识别的研究中，一般都以灰度图像为研究对象。但真实的人脸图像是彩色的，这些色彩提供了比灰度人脸图像更为丰富的信息。目前，随着计算机技术的迅猛发展，彩色图像的处理已成为当前人们研究的热门课题。然而，由于灰度图像具有易于处理的特点，而且大多数经典的图像处理方法都是基于灰度图像的。因此，如果将一幅彩色图像经过某种变换转换成灰度图像，使该灰度图像中包含原彩色图像中的绝大多数特征信息，那么，后续处理就可以采用经典的图像处理方法，大大减少了计算量。基于这一基本思路，可以首先采用 Ohta 提出的一组最优基来模拟 K-L 变换，从而将一幅彩色人脸图像转换成人脸灰度图像，再用特征脸方法来进行人脸识别。

现在，主要的人脸识别方法有：

①基于脸部几何特征的方法；

②基于特征脸（Eigenfaces）的方法；

③神经网络的方法；

④局部特征分析的方法；

⑤弹性匹配的方法。

其中，特征脸方法与神经网络方法均属于基于人脸全局特征的识别方法，所谓人脸全局特征是指抽取的特征与整幅人脸图像，甚至整个样本群相关，这种特征未必有明确的含义，但在某种意义上，是易于分类的特征。

5.3　人脸识别的优势和劣势

与其他的生物特征识别技术相比，人脸识别的最大优势在于识别方式的自然性和不被觉察性。自然性是指该识别方式同人类（甚至其他生物）进行个体识别时所利用的生物特征相同。例如人脸识别，人类也是通过观察比较人脸，从而区分和确认身份的。另外具有自然性的生物特征还有声纹、签名等，而指纹、虹膜等不具有自然性。自然性使得在设计识别算法的时候能够利用人类认知学的研究成果，也使得人类对人脸识别领域充满兴趣。更重要的是，自然性使人脸的计算机识别作为人类身份识别的工具性扩展，渗透人类社会生活的方方面面。这也是为什么人脸识别近年来在互联网带来的大数据浪潮下发挥越来越重要作用的本质原因。

不被察觉的特点对于一种识别方法也很重要。人脸识别利用摄像设备获取人脸图像信息，而不同于指纹识别或者虹膜识别，需要利用电子压力传感器采集指纹，或者利用红外线采集虹膜图像，这些特殊的采集方式需要用户的配合，容易引起用户的反感。

相对其他生物特征识别方式，人脸识别本身也存在许多困难。在诸多的生物特征识别中，人脸识别被认为是最困难的研究课题之一。其困难表现在如下方面。

①不同人脸的区分性低。不同个体之间的人脸区别不大，所有人脸的结构都相似，甚至人脸器官的结构外形都很相似，这对于利用人脸区分人类个体是不利的。

②同一人脸的外形不稳定。人可以通过脸部的变化产生很多表情，而在不同观察角度，人脸的视觉图像也相差很大。另外，人脸识别还受光照条件（如白天和夜晚，室内和室外等）、遮盖物（如口罩、墨镜、头发、胡须等）、年龄等多方面因素的影响。

从学术角度说,在人脸识别中,不同人脸的差异是应该放大从而区分不同个体的,而同一人脸的差异应该消除。通常称第一类差异为类间差异(Intra-class Difference),而称第二类差异为类内差异(Inter-class Difference)。对于人脸,类内差异往往大于类间差异,在受类内差异干扰的情况下,利用类间差异区分个体变得异常困难。因此,人脸识别在识别精度方面,远远低于指纹、虹膜、静脉等,与声音、签名大致相当。

尽管存在如此多的困难因素,人脸识别却始终是生物特征识别研究领域的第一热点。人脸识别能够有如此热度的原因,并不在于识别的精度,而是识别的易接受程度。人类对于人脸的亲切感和与生俱来的关注,使得人们愿意以牺牲识别精度为代价选用人脸识别产品,从这个意义上来说,人脸识别是生物特征识别中最亲善的大使。

5.4 人脸识别产品

5.4.1 摄像机

1. 摄像机的分类

(1)依成像色彩划分

①彩色摄像机:适用于景物细部辨别,如辨别衣着或景物的颜色。因有颜色而使信息量增大,信息量一般认为是黑白摄像机的 10 倍。

②黑白摄像机:适用于光线不足的地区及夜间无法安装照明设备的地区,在仅监视景物的位置或移动时,可选用分辨率通常高于彩色摄像机的黑白摄像机。

• 摄像机分辨率划分为影像像素在 25 万像素(pixel)左右、彩色分辨率为 330 线、黑白分辨率为 400 线左右的低档型;

• 影像像素在 25 万～38 万、彩色分辨率为 420 线、黑白分辨率在 500 线上下的中档型;

• 影像像素在 38 万以上、彩色分辨率大于或等于 480 线、黑白分辨率在 570 线以上的高档型。

(2)依摄像机灵敏度划分

①普通型:正常工作所需照度为 1～3lux;

②低照型:正常工作所需照度为 0.1lux 左右;

③星光型:正常工作所需照度为 0.01lux 以下;

④红外型:原则上可以为零照度,采用红外光源成像。

(3)依摄像机外观划分

①枪式摄像机:市场最普通型,外观长方体,不含镜头,装于护罩内;

②半球形摄像机:外形如半球,通常含镜头及护罩,多用于环境美观、隐蔽处;

③飞碟形摄像机:外形如飞碟,通常含镜头及护罩,多用于电梯;

④微型摄像机:体积小,外形有纽扣形、笔形、针孔形,多为无线,用于采访、偷拍等隐蔽场所;

⑤全球形摄像机:体积大,球体,内含云台、摄像机。用于开阔区域。

(4)依据摄像机功能划分

①普通型摄像机:不含镜头的摄像机基本属于普通摄像机;

②一体化摄像机:含镜头,多为 16 倍、22 倍变焦镜头,分普通型和日夜型;

③红外灯摄像机:含镜头及红外灯,用于夜间无光照条件;

④智能球摄像机:含云台,一体化摄像机,可旋转、变倍控制,用于大范围区域。

2. 摄像机的选用

一般依据使用环境和相关参数进行摄像机的选用。不同摄像机的主要应用场合见表 5-1。

表 5-1　摄像机应用场合

摄像机类型	应用场合
半球摄像机	电梯、有吊顶光线变化不大的室内应用场合
一体化摄像机	最适合安装在室内监控动态范围较大的场合,也适合安装在室外监控范围中等的场合(如需监控室外 60m 半径以内的目标)
枪式摄像机	可安装在室内外任何场合,但不太适合监控安装范围较小的场合
水下摄像机	适用于水下使用
昼夜型摄像机	适用于环境亮度变化较大场合,如室内外晚上灯光较弱、白天亮度正常的场合

3. 常见的 DSP 智能摄像机

(1)DSP 智能摄像机的工作原理

DSP 摄像机的亮度/色度处理、编码同步发生器及 CCD 驱动等部分电路均采用了数字信号处理技术,它们都由微处理器执行中心控制。虽然,由于 AGC 和 γ 校正电路在 A/D 转换之前,仍为模拟处理,但它们的控制电压和补偿信号是根据数字部分检测决定的,因而,仍然可以调节得很精确。

亮度/色度处理部分,需要微处理器对数字信号的数据进行检测处理控制,以测量出信号峰值、平均值、差值等信息,并将这些测量结果经微处理器运算处理,形成各种控制信号。如其中需要采用二维数字梳妆滤波(2-Dementional Digital Comb Filter)处理技术,用它可以减小亮度信号对色度信号的串扰,并最大限度地保留亮度信号高频成分,从而进一步改善图像质量。

关于检测识别预/报警型的智能化功能,主要是通过智能化软件固化在 DSP 中。通过所监控的图像检测,如得到所需的信息就去进行识别处理判断,以驱动预/报警而阻止犯罪。

(2)DSP 智能摄像机的特性

面像捕捉:在目标进入监控区域之初就能捕获其清晰的面像

照片，并可全程跟踪捕捉其面像照片。

照片检索功能：通过检索可获得某段时间内所有出入监控区域人员的正面清晰照片。

智能录像检索：通过目标的照片，可以方便地检索到该目标在监控区域内的所有活动的录像。

多卡、多模式设计架构：

①一台 PC 机上最多可同时插 4 张片卡；

②可以监视 1～16 路输入图像，最多输入 16 路声音信号；

③可以捕捉 1～8 路面像照片，监控 1～8 路输入图像并可最多输入 16 路声音信号。

智能型实时运动图像检测及报警功能：

①可调整运动检测灵敏度；

②运动检测具有触发本地报警功能（声音报警并自动抓拍报警时的现场图片）；

③运动检测具有触发远程报警功能（通知远程的数字监控系统，发送报警声音和报警录像，并可发送报警电子邮件）。

卓越的多任务能力：

①可同时对多个不同地点进行远程监控；

②可同时被多个不同地点监看或录像；

③可同时接收不同摄像头触发的报警画面；

④可同时回放数个图像文件；

⑤可同时观看数个拍摄的照片。

录像时可实时调整图像的亮度、色度、对比度及饱和度，以保证录像资料显示画面达到最佳。可配置外接打印设备直接印制检索图像。

5.4.2　面像识别门禁

1.　一卡通面像识别门禁

面像识别技术和指纹识别技术已成功应用于门禁控制领域。

事先登记用户的面像和指纹,并生成模板存储在数据库中。当用户准备进门时,提示用户录入指纹和面像,并和数据库中相应的模板进行比对,如果是合法用户,将自动开门放行;如果是非法使用者,将拒绝开门通行。在这两种情况下,都会将使用人的面像照片存入数据库中,供事后追踪调查使用。

(1)面像识别门禁的特点

①使用方便、简单、开门速度快;可以不需要使用者携带任何钥匙、磁卡等,对用户无特殊要求;

②识别精度高,安全性极高;

③防欺诈性极高,真人面像/照片辨别,活体指纹辨别;

④可跟踪性好;

⑤适应性好,有多种开门模式可选;

⑥系统成熟、稳定,故障自检、报警和重启功能;

⑦性能/价格比高;

⑧LCD 四行中文大屏幕信息显示,界面友好;

⑨可接入局域网,方便在本地和远程操作和监控;

⑩可扩展性好,可单机独立使用或联网使用。

(2)面像识别门禁的技术优势

将面像识别和指纹识别技术合理搭配集成在一起,系统性能比只采用单独的面像识别或指纹识别技术有明显的优势,指纹假冒很困难,面像的假冒更加困难,从而使该系统具有极高的防欺诈性。同时增强了历史记录的可跟踪性、直观性,极大地提高了门禁系统的安全性和可靠性。这样便于事后追查,而且这也是一种威慑,可以大大减少非注册用户试图蒙混过关的企图。

通过适当合理地调整面像识别和指纹识别的阈值(相似度),实现了很高的识别精度和很低的拒识率。适用于各种对出入安全控制要求很高的场所,如银行、宾馆、别墅、机房、军械库、机要室、办公室、仓库、智能化住宅小区、工厂等。

2. 面像识别感应式门禁考勤系统

面像识别感应式门禁考勤系统特点如下:

①具有面像识别模块、感应卡、键盘、液晶显示屏；

②能存储达 10000 条面像数据；

③可选感应卡、感应卡＋面像识别、感应卡＋密码＋面像识别或密码＋面像识别操作；

④时间小于 0.5s 快速核对面像数据；

⑤内置 10 公分射频感应读卡器；

⑥256 个地址可选并经过 RS232、485、422 网络或 TCP/IP 转换器通信；

⑦可选 26 位维庚或磁条Ⅱ格式输出；

⑧16 位背光键盘可夜间操作；

⑨符合 UL、CE、FCC、MIC 国际标准；

⑩尺寸：FACE007：130×180×48。

5.5 人脸识别技术的典型应用

5.5.1 人脸识别技术在银行金融系统中的应用

人脸识别技术可用于电脑/网络安全、银行业务、智能卡、访问控制、边境控制等领域，网讯公司在这一领域的产品有门禁和考勤、民政收容与遣送等。

银行金融系统对安全防范控制有着极高的要求，对金库的安全设施、保险柜、自动柜员机以及电子商务信息系统等，都需要人体面像识别这种更直观、准确、可靠的识别系统。

近年来，金融诈骗、抢劫发生率有所增高，对传统的安全措施提出了新的挑战。而人体面像识别技术根本不需要带任何的电子、机械"钥匙"，因而可杜绝丢失钥匙、密码的现象。如果配合 IC 卡、指纹识别等技术，就可以使安全系数成倍增长。而且，由于对每次操作事件都保存了一条有时间、日期和人体面像的记录，所以它具有良好的可跟踪性。

当前,银行系统正在开展保险柜出租、托管的业务,若银行使用这种识别系统,能提高安全系数和客户对银行的可信度。此外,若在 ATM 自动取款机上应用这种识别技术,可以解除用户忘记密码的苦恼,而且还可以防止冒领、盗取的事件发生。

5.5.2　人脸识别技术在政法系统中的应用

应用于脸部照片登记系统、事件后分析系统,网讯公司在这一领域的主要应用为基于 Internet 的网上追逃系统。

当前,我国的公、检、法正加强对经济、刑事等犯罪行为的打击力度,正在联合开展"追逃"斗争。目前多是将逃犯的照片、身份证、特征资料上网发布。但这种方法的判断要通过多种技术鉴定,它对证件资料假冒犯人的查询有较大的难度,对犯罪分子的狡辩、伪装往往要消耗大量的时间和物力来进行确认。如果利用人体面貌识别技术,则可大大提高工作效率,并能对犯罪分子产生极大的威慑力量。如在重要的车站、码头、机场、海关等出入口附近架设摄像机,则系统可在无人值守的情况下自动捕捉进、出上述场所的人员的头像,再通过网络将头像面像特征数据传送到计算机中心数据库,与逃犯的头像进行比较,迅速准确地做出身份判断,一旦发现是吻合的头像,即自动记录并报警。如英国伦敦警察局,由于最近使用了人体面像识别系统,在 3 个月内破案率就提高了 34%。

5.5.3　人脸识别技术在汽车制造业中的应用

在大力研发安全技术之后,一些汽车制造商开始研究面部识别系统,以确定驾驶者是否处于清醒状态。作为知名汽车厂商,宝马正试图将面部识别技术用于识别驾驶者身份。同时,宝马还将通过使用这项技术确定驾驶者的个人特征,并将车辆自动调整至最佳状态。

当驾驶者坐入驾驶席，宝马的这项技术能够识别驾驶者，并将后视镜、方向盘调整至最佳位置。同时，车辆的收音机频道也会自动调整至驾驶者最喜欢的频道。如果开发成功，这项技术还将有可能用于对节流阀、换挡模式以及悬架进行自动调控。

此外，该项技术还能存储多位驾驶者的信息及相应设定。采用这项技术，将有效防止车辆被盗。

5.5.4　人脸识别技术在数码相机中的应用

富士公司曾推出了一款 S6500fd 数码相机，当时富士公司号称该机的"脸部识别技术"具有相机智能新突破意义。但尼康几年前的小型数码相机就拥有了类似功能，后来奥林巴斯、宾得也都有类似功能的产品。只不过是因为大家觉得这些功能可有可无，没有特别大的实际意义，所以也就没有热起来。

如今的自动相机，特别是数码相机，都拥有了自动对焦及自动测光的本领。我们除了要取景外，基本不用去操心对焦、调节快门速度、调整光圈等复杂的曝光程序。而自动相机毕竟是机器，有时候也难免会出现测光不准或对焦不准的状况。一直以来，很多厂商都在不断改进 AF 及 AE 技术，而脸部识别技术，正是改进中衍生出来的一个新技术。

Face Detection 脸部识别技术的原理听起来并不深奥，它通过识别画面中的眼睛、嘴等特征信息，锁定画面中的人脸位置，并自动将人脸作为拍摄的主体，设置准确的焦距和曝光量。当 Face Detection 脸部识别功能开始工作的时候，相机就会自动根据画面中人脸的位置和照度进行设置，确保人脸的清晰和曝光准确。此外，当画面中有多个人物时，Face Detection 脸部识别功能也能够准确工作，挑选最主要的对象。

在以往的拍摄中，如何处理人物和背景的关系一直是个麻烦的问题；如果人物不是在取景器的中间，相机就可能把焦点对在远处的背景,导致人物模糊;当人物和背景的亮度差别很大,则会导致人脸部曝光不足或过度。为了解决这些问题,专业的数码相机配备了"5 点、9 点"的对焦系统和"面测光、点测光、包围测光"的测光系统,还要加上"AE/AF 锁"。如此复杂的设置对拍摄者的经验和手指灵活性都是巨大的考验,而对于许多不具备这些功能的数码相机来说,拍摄者就完全束手无策了。脸部识别(Face Detection)技术的出现,则让这个难题不复存在。这一技术能够让相机自动识别画面中是否有人的脸部,并自动将人脸作为拍摄的主体,然后,相机在对焦和曝光控制方面都将针对人脸的状况来调整。

这一智能功能带来两个最直接的好处:一是让摄影者更加集中精力在取景上,可以实现更完美的构图;二是提升了拍摄的速度。例如,富士公司的 Face Detection 脸部识别功能是基于硬件实现的,也就是在相机的处理芯片中有专门的集成电路来进行运算,每次处理的时间不到 0.05s,比起以往的"对准主体—半按快门—按 AE/AF 锁—取景"过程,要快上不少,更适合抓拍的需要。

第 6 章　语音识别技术

语音识别技术，也被称为自动语音识别（Automatic Speech Recognition，ASR）技术，就是让机器通过识别和理解过程，把语音信号转变为相应的文本或命令的高技术，也就是让机器听懂人类的语音，其目标是将人类语音中的词汇内容转换为计算机可读的输入（如按键、二进制编码或字符序列）。

6.1　语音识别技术概述

6.1.1　语音识别技术原理

现有的自动语音识别技术是建立在对人的语音交互过程的坚实但又不完全的理解基础之上的。语音交互技术的研究具有高度的学科交叉性，广泛涉及信号处理、语音声学、模式识别、通信和信息理论、语言学、生理学、计算机科学、心理学等学科的原理和方法。

这些学科知识的综合可概括出构成自动语音识别技术基础的 3 个原理：

①语音信号中的语言信息是按照短时幅度谱的时间变化模式来编码的。

②语音是可以阅读的，即它的声学信号可以在不考虑说话人试图传达的信息内容的情况下用数十个具有区别性的、离散的符

号来表示。

　　③语音交互是一个认知过程，因而不能与语言的语法、语义和语用结构割裂开来。

　　这 3 个原理是对这一领域广泛而又翔实的知识的高度概括。例如，幅度谱的重要性被听觉的生理机能及其模仿、语音产生的声道解剖及其模仿、语音信号的谱图这三项相互独立的研究所证实，这些研究导致了声码器的诞生；语音的可阅读性是语音声学的核心内容，主要研究言语的声学表征、语音、音位以及音位配列的结构的数学形式化，乔姆斯基和哈勒的研究构成了这方面理论的一个完备体系；言语的认知研究主要是心理学研究的范畴，其中心理物理学为语音编码，尤其是在语音、语词的句法等方面进行某些重要的表示和操作提供了大量的依据。

　　语音识别技术又称声纹识别技术，将人讲话发出的语音通信声波转换为一种能够表达通信消息的符号序列。这些符号既可以是识别系统的词汇本身，也可以是识别系统词汇的组成单元，常称其为语音识别系统的基元或子词基元。语音识别基元的主要任务是在不考虑说话人试图传达的信息内容的情况下，将声学信号表示为若干个具有区别性的离散符号。可以充当语音识别基元的单位可以是词句、音节、音素或更小的单位，具体选择什么样的基元，经常受识别任务的具体要求和设计者的知识背景影响。

　　语音识别技术可以采用两种方式。第一种是依赖原文。系统将一句话与访问者相联系，对每个访问的人，系统会给出不同的句子提示。应对说话者不断变化的主要方法是动态的变化，这包括用一系列的声音向量来描述说话方式，然后计算访问者和允许进入者说话方式的差距。第二种是不依赖原文。访问者不必说同样的句子，因此，系统应用的唯一信息就是访问者的语音特征。

　　语音识别技术的优点是：系统的成本非常低廉；对使用者来说，不需要与硬件直接接触，而且说话是一件很自然的事情，所以语音识别可能是最自然的手段,使用者很容易接受;最适用于通过电话来进行身份识别。

语音识别技术的缺点是:准确性较差,同一个人由于音量、语速、语气、音质的变化等容易造成系统的误识;语音可能被伪造,至少现在可以用录在磁带上的语音来进行欺骗;高保真的录音设备是非常昂贵的。另外,虽然每个人的语音特征均不相同,但当语音模板达到一定数量时。语音特征就不足以区分每个人,而且语音特征容易受背景噪声、被检查者身体状况的影响。

语音识别系统原理如图 6-1 所示。

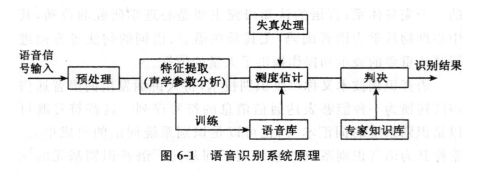

图 6-1 语音识别系统原理

1. 预处理

待识别的语音经过话筒变换成电信号即语音信号后,加在识别系统的输入端,首先要经过预处理,预处理包括反混叠滤波(滤除其中不重要的信息及背景噪声)、模/数转换、自动增益控制及端点检测(判定语音有效范围的开始和结束位置)等处理工作。

2. 特征参数提取及分析

经过预处理后的语音信号,就要对其进行特征参数分析。语音识别系统常用的特征参数有幅度、能量、过零率、线性预测系数(LPC)、LPC 倒谱系数(LPCC)、线谱对参数(LSP)、短时频谱、共振峰频率、反映人耳听觉特征的 Mel 频率倒谱系数(MFCC)、PARCOR 系数(偏自相关系数)、随机模型(即隐马尔可夫模型)、声道形状的尺寸函数(用于求取讲话者的个性特征),以及音长、音调、声调等超音段信息函数等。特征的选择和提取是系统构建的关键，识别参数的选择也与识别率及复杂度的矛盾有关。因为在通常情况下，如果参数中包含的信息越多，则分析和提取的复杂度越大。

3. 距离测度

用于语音识别的距离测度有多种，如欧氏距离及其变形的距离、似然比测度、加权了超音段信息的识别测度、隐马尔可夫模型之间的距离测度、主观感知的距离测度等，都是人们感兴趣的测度。

4. 语音库

语音库即声学参数模板。它是训练与聚类的方法，从单个讲话者或多个讲话者多次重复的语音参数经过长时间的训练而聚类得到。

5. 测度估计

测度估计是语音识别的核心。目前已经研究过多种求取测试语音参数与模板之间的测度的方法，如动态时间规整法（DTW）、有限状态矢量化法（VQ）、隐马尔可夫模型法（HMM）等。此外，还可使用混合方法，如 VQ/DTW 法等。

DTW 是一种基于模板匹配的特定人语音识别技术，它的成功之处在于巧妙地解决了对两个程度不等的模板进行比较的问题，并在孤立词特定人语音识别中获得了良好的性能。这种方法不适合于非特定人语音识别系统。

HMM 是先进的语音识别系统中采用的主流技术，它实质上是一种通过相互关联的两重随机过程共同描述语音信号短时谱随时间变化的统计特性的模型参数表示技术。一重随机过程是隐蔽不可观测的有限状态马尔可夫链，另一重随机过程是与马尔可夫链的每一状态相关联的可观测特征的随机输出。HMM 基元模型匹配的主要原理是贝叶斯估计,对要识别的语音的观察特征序列,在系统可知的范围中,找出最有可能产生该观察序列的基元模型序列作为识别结果的假设,这个过程也叫搜索。在搜索最佳结果的过程中,语言认知的知识可以提供极大的帮助。

6. 专家知识库

专家知识库用来存储各种语言学知识,如汉语变调规则、音长分布规则、同音字判别规则、构词规则、语法规则、语义规则等。对于不同的语言,有不同的语言学专家知识库,对于汉语,也有其特有的专家知识库。

7. 判决

对于输入信号计算而得到的测度,根据若干准则及专家知识,判决选择可能的结果中最好的结果,由识别系统输出,这一过程就是判决。

6.1.2 语音识别技术的分类

从技术方面,语音识别技术按照不同的角度有不同的分类方法。

1. 按所要识别的单位分类

从这个角度对语音识别系统进行分类,可以分为孤立单词识别、连续单词识别、连续语音识别和连续言语识别与理解。

(1)孤立单词识别

识别的单元为字、词或短语,它们组成识别的词汇表,对它们中的每一个通过训练建立标准模板或模型。

(2)连续单词识别

以比较少的词汇为对象,能够完全识别每个词。识别的词汇表和标准、样板或模型也是字、词或短语,但识别可以是它们中间几个的连续。

（3）连续语音识别

连续语音识别是指中大规模词汇但用子词作为识别基本单元的连续语音识别系统。

（4）连续言语识别与理解识别

系统识别的内容是说话人以自然方式说出的语音。即以多数词汇为对象，待识别语音是一些完整的句子。虽不能完全准确地识别每个单词，但能够理解其意义。

2. 按语音词汇表的大小分类

每个语音系统必须有一个词汇表，规定识别系统所要识别的词条。词条越多，发音相同或相似的词也就越多。这些词听起来容易混淆，因此误识率也随之增加。

根据系统所拥有的词汇量的大小，可分为有限词汇语音识别系统和无限词汇语音识别系统。有限词汇识别按词汇表中字、词或短句的个数的多少大致分为：100 以下为小词汇，100～1000 为中词汇，1000 以上为大词汇。一般地，语音识别的识别率都随单词量的增加而下降。无限词汇识别又称为全音节识别，即识别基元为汉语普通话中对应的所有汉字的可读音节。全语音识别是实现无限词汇或中文文本输入的基础。

3. 按说话人的限定范围分类

根据系统对用户的依赖程度可以分为特定人语音识别和非特定人语音识别。

特定人系统可以是个人专用系统或特定群体系统，如特定性别、特定年龄、特定口音等。非特定人语音识别适应于指定的某一范畴的说话人。

4. 按识别方法分类

按识别方法可分为模板匹配法、概率模型法和基于神经网络的识别方法。

(1)模板匹配法

基于模板的识别方法,事先通过学习获得语音的模式,将它们做成一系列语音特征模板存储起来。在识别时,首先确定适当的距离函数,再通过诸如时间规整(DTW)等方法将测试语音与模板的参数一一进行比较与匹配,最后根据计算出的距离,选择在一定准则下的最优匹配模板。

(2)概率模型法

概率模型法是基于统计学的识别方法,在这一框架下,语音本身的变化和特征被表述成各种统计值。人们不再刻意追求细化的语音特征,而是更多地从整体平均的角度来建立最佳的语音识别系统。

(3)基于神经网络的识别方法

基于神经网络的识别方法与生物神经系统处理信息的方式相似,通过用大量处理单元连接成的网络来表达语音基本单元的特性,利用大量不同的拓扑结构来实现识别系统和表述相应的语音或语义信息。这种系统可以通过训练积累经验,从而不断改善自身的性能。

目前,关于语音识别研究的重点在大词汇量、非特定人的连续语音识别,并以隐马尔可夫模型为统一框架。

6.2　语音信号分析基础

6.2.1　语音信号的时域分析

语音信号是一种非平稳的时变信号,它携带着各种信息。进行语音分析时,最直观的就是它的时域波形,直观明了,计算简单且运算量小。时域分析就是分析和提取语音信号的时域参数,用于最基本的语音分析及应用。语音信号的时域特征参数有：短时能量、短时过零率、短时自相关函数和短时平均幅度差函数等。

1. 语音信号的数字化和预处理

不论是分析怎样的参数以及采用什么分析方法，在按帧进行语音分析，提取语音参数之前，有一些经常使用的、共同的短时分析技术必须预先进行，如语音信号的数字化、语音信号的端点检测、预加重、加窗和分帧等，这些也是不可忽视的语音信号分析的关键技术。

语音信号的数字化一般包括放大及增益控制、反混叠滤波、采样、A/D转换及编码；预处理一般包括预加重、加窗和分帧等。当然，在分析处理之前必须把要分析的语音信号部分从输入信号中找出来，这项工作叫语音信号的端点检测。

（1）预滤波、采样、A/D转换

通常语音信号在采样前要进行一次预滤波以滤掉超出 $f_s/2$ 的高频噪声，以防止混叠干扰。预滤波还可以抑制 50Hz 的工频电源干扰，因此预滤波器必须是一个带通滤波器，其下截止频率 $f_L=50Hz$，上截止频率 f_H 根据需要定义。

一个正常人语音的频率一般在 $40\sim4000Hz$ 的范围内，成年男子的语音频率较低，妇女和儿童的语音频率较高。电话语音频率在 $60\sim3400Hz$。根据采样定理，采样频率 f_s 应为原始语音频率的两倍以上，考虑到滤波器性能的影响，这个阈值还应该提高。一般地，电话语音的采样频率为 8kHz，普通语音的采样频率在 $15\sim20kHz$。否则不满足采样定理，将会产生频谱混叠，使信号中的高频部分失真。

采样后的语音信号还必须进行量化处理。量化过程中不可避免地会引入量化误差，也称为量化噪声。量化噪声是一个平稳的白噪声，在量化区间均匀分布，即等概率密度分布，与原信号序列没有什么关系。量化时，如果采用较多的量化级数来记录样点的幅度，量化误差就小，相应的比特数就会增多。但这是以增加存储容量和处理时的计算量为代价的，因此应根据应用场合合理地选择量化字长。

（2）预处理

预处理包括预加重（或称高频提升）、加窗及分帧处理。

语音信号是一种典型的非平稳信号。但是,由于语音的形成过程是与发音器官的运动密切相关的,这种物理运动比起声音振动速度来讲要缓慢得多,因此语音信号常常可假定为短时平稳的,即在 $10\sim20\text{ms}$ 这样的时间段内,每时间段也称为中点。其频谱特性和某些物理特征参量可近似地看作是不变的。这样,就可以采用平稳过程的分析处理方法来处理了。这种时间依赖处理的基本手段,一般是用一个长度有限的窗序列 $\{\omega(m)\}$ 截取一段语音信号来进行分析,并让这个窗移动以便分析任一时刻附近的信号,其一般式为:

$$Q_n = \sum_{m=-\infty}^{\infty} T[x(m)]\omega(n-m) \tag{6-1}$$

式中, $T[\ ]$ 表示某种运算, $\{x(m)\}$ 为输入信号序列。

几种常用的时间依赖处理方法如下:

当 $T[x(m)]$ 为 $x^2(m)$ 时, Q_n 相应于短时能量;

当 $T[x(m)] = |\text{sgn}[x(m)] - \text{sgn}[x(m-1)]|$ 时, Q_n 就是短时平均过零率;

当 $T[x(m)]$ 为 $x(m)x(m+k)$ 时, Q_n 相应于短时自相关函数。

还有时间依赖傅里叶变换,式(6-1)是卷积形式的,因此 Q_n 可以理解为离散信号 $T[x(m)]$ 经过一个单位冲激应为 $\{\omega(m)\}$ 的 FIR 低通滤波器产生的输出,如图 6-2 所示。

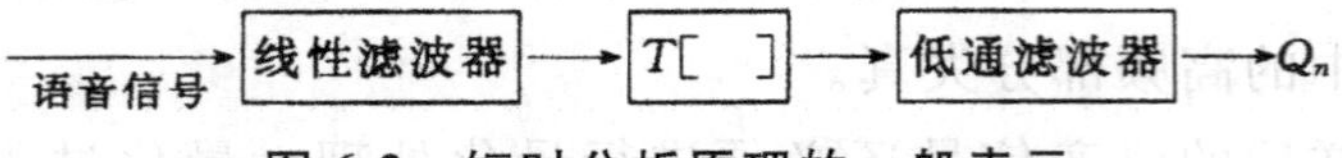

图 6-2 短时分析原理的一般表示

2. 短时平均幅度和能量

信号 $\{x(n)\}$ 的短时能量定义为:

$$E_n = \sum_{m=-\infty}^{\infty} [x(m)\omega(n-m)]^2 \tag{6-2}$$

令 $h(n) = \omega^2(n)$，则有：

$$E_n = \sum_{m=-\infty}^{\infty} x(m)^2 h(n-m) \qquad (6\text{-}3)$$

此式的含义可以用图 6-2 中低通滤波作用来解释，$h(n)$ 是低通滤波器的单位冲击响应。由于 E_n 在计算时用的是信号的平方，所以它对高电平非常敏感，为此，可采用另一个度量语音信号幅值变化的函数，即短时平均幅度函数 M_n。

语音信号的短时平均幅度定义为：

$$M_n = \sum_{m=-\infty}^{\infty} |x(m)| \omega(n-m) \qquad (6\text{-}4)$$

E_n 和 M_n 都反映信号强度，但其特性有所不同。M_n 是一帧语音信号能量大小的表现，它与 E_n 的区别在于计算时小取样值和大取样值不会因取平方而造成较大差异，在某些应用领域中会带来一些好处。短时能量和短时平均幅度函数的主要用途有：①可以区分浊音段与清音段，因为浊音时 E_n 值比清音时大的多；②可以用来区分声母和韵母的分界，无声与有声的分界，连字（指字之间无间隙）的分界等；③作为一种超音段信息，用于语音识别中。

3. 短时平均过零率

信号 $\{x(n)\}$ 的短时平均过零率定义为：

$$Z_n = \sum_{m=-\infty}^{\infty} |\operatorname{sgn}[x(n)] - \operatorname{sgn}[x(n-1)]| \omega(n-m) \qquad (6\text{-}5)$$

式中，sgn 是符号函数，即

$$\operatorname{sgn}[x] = \begin{cases} 1 & x \geqslant 0 \\ -1 & x < 0 \end{cases}$$

$$\omega(n) = \begin{cases} \dfrac{1}{2N} & 0 \leqslant n \leqslant N-1 \\ 0 & \text{其他} \end{cases} \qquad (6\text{-}6)$$

过零就是信号通过零值。短时过零率表示一帧语音中语音信号波形穿过横轴（零电平）的次数。过零分析是语音时域分析中最简单的一种。对于连续语音信号,过零意味着时域波形通过时间轴;而对于离散信号如果相邻的取样值改变符号则称为过零,过零率就是样本改变符号的次数。

信号的过零率是其频率量的一种简单的度量,窄带信号尤其如此。特别地,当信号为单一正弦波时,过零率为信号频率的二倍。对于采样率为 F_s、频率为 F_0 的正弦波数字信号,平均每个样本的过零数为 $2F_0/F$。

过零率有两类重要应用。第一,用于粗略地描述信号的频谱特性,这就是用多带滤波器将信号分为若干个通道,对各通道进行短时平均过零率和短时能量的计算,即可粗略地估计频谱特性;第二,用于判别清音和浊音、有话与无话。短时平均过零数可应用于语音信号分析中。发浊音时,尽管声道有若干个共振峰,但由于声门波引起了谱的高频跌落,所以其语音能量集中于 $3\mathrm{kHz}$ 以下。而发清音时,多数能量出现在较高频率上。既然高频率意味着高的平均过零数,低频率意味着低的平均过零数,那么可以认为浊音时具有较低的平均过零数,而清音时具有较高的平均过零数。然而这种高低又是相对而言,没有精确的数值关系。从上述定义出发计算过零率容易受低频干扰,特别是 $50\mathrm{Hz}$ 交流干扰的影响。解决这个问题的办法:一个是做高通滤波器或带通滤波器,减小随机噪声的影响;另一个是对上述定义做一点修改,设一个门限 T,将过零的含义修改为跨过正负门限,参见图 6-3,该图设有多个门限,可供选择。

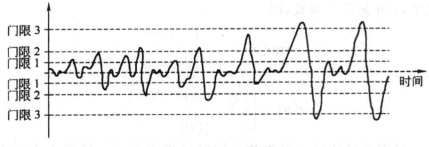

图 6-3　门限过零率

于是，有定义：

$$Z_n = \sum_{m=-\infty}^{\infty} \{|\mathrm{sgn}[x(n)-T]-\mathrm{sgn}[x(n-1)-T]|+ \\ |\mathrm{sgn}[x(n)+T]-\mathrm{sgn}[x(n-1)+T]|\}\omega(n-m)$$

(6-7)

这样计算的过零率就有一定抗干扰能力了。即使存在小的随机噪声，只要它不使信号越过正负门限所构成的带，就不会产生虚假的过零数。在语音识别前端检测时还可采用多门限过零率，进一步改善检测效果。

4. 短时相关分析

相关分析是一种常用的时域波形分析方法，它有自相关和互相关的不同，分别由自相关函数和互相关函数来定义。相关函数用于测定两个信号在时域内的相似性，如利用互相关函数，可测定两个信号间的时间滞后或从杂音中检测信号。如果两个信号完全不同，则互相关函数接近于零；如果两个信号波形相同，则在超前、滞后处出现峰值。由此可求出两个信号间的相似程度。而自相关函数用于研究信号本身，如信号波形的同步性、周期性等。这里主要讨论自相关函数。

（1）短时自相关函数

对于确定性信号序列，自相关函数的定义为：

$$R(k) = \sum_{m=-\infty}^{\infty} x(m)x(m+k)$$

(6-8)

对于随机性信号序列或周期性信号序列，自相关函数的定义为：

$$R(k) = \lim_{N\to\infty} \frac{1}{2N+1} \sum_{m=-N}^{N} x(m)x(m+k)$$

(6-9)

自相关函数具有以下性质。

①如果序列是周期的（设周期为 N_p），则其自相关函数也是同周期的周期函数，即 $R(k)=R(k+N_p)$。

②它是偶函数，即 $R(k)=R(-k)$。

③当 $k=0$ 时，自相关函数具有极大值，即 $R(0)\geqslant|R(k)|$。

④$R(0)$等于确定性信号序列的能量或随机性序列的平均功率。

自相关函数的这些性质，完全可应用于语音信号的时域分析中。例如，发浊音时语音波形序列具有周期性，因此可用自相关函数求出这个周期，即基音周期。此外，在进行语音信号的线性预测分析时，也要用到自相关函数。

短时自相关函数的定义如下：

$$R_n(k) = \sum_{m=-\infty}^{\infty} x(m)\omega(n-m)x(m+k)\omega(n-m)-k$$

$$(6\text{-}10)$$

此式可解释如下：首先乘以窗来选择语音段，然后把确定自相关函数定义式(6-8)应用于窗选语音段。很容易证明

$$R_n(-k) = R_n(k) \tag{6-11}$$

所以

$$R_n(k) = R_n(-k) = \sum_{m=-\infty}^{\infty} x(m)x(m-k)[\omega(n-m)\omega(n-m+k)]$$

$$(6\text{-}12)$$

如果定义

$$h_n(k) = \omega(n)\omega(n+k) \tag{6-13}$$

由式(6-12)可写为：

$$R_n(k) = \sum_{m=-\infty}^{\infty} [x(m)x(m-k)]h_k(n-m) = [x(n)x(n-k)]h_k(n)$$

$$(6\text{-}14)$$

所以，短时自相关函数可看作序列$[x(n)x(n-k)]$通过单位函数响应为$h_k(n)$的数字滤波器的输出，其运算框图如图6-4所示。

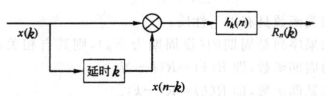

图6-4 短时自相关函数的运算方框图

　　短时自相关函数的计算通常是用式(6-10)来进行,此时将其改写为

$$R_n(k) = \sum_{m=-\infty}^{\infty} [x(n+m)\omega'(m)][x(n+m+k)\omega'(m+k)]$$

(6-15)

　　这里 $\omega'(n) = \omega(-n)$,上式表明输入序列的起始时间被等效地移到抽样时刻 n 处,进而乘以窗选 ω' 以选择一个语音短段。如果窗口 $\omega'(n)$ 的长度为 $0 \leqslant n \leqslant N-1$,则式(6-15)可简化为

$$R_n(k) = \sum_{m=0}^{N-1-k} [x(n+m)\omega'(m)][x(n+m+k)\omega'(m+k)]$$

(6-16)

　　式(6-16)表明,计算第 N 次的自相关滞后时,$x(n+m)\omega'(m)$ 需要 N 次相乘。而为计算滞后乘积的求和,就需要 $(N-k)$ 次乘和加,因而计算量较大。利用该式的一些特殊性质可减少运算,比如利用 FFT。

　　图 6-5 给出了 3 个自相关函数的例子,它们是用式(6-16)在 $N=401$ 时对 10kHz 取样的语音计算得到的。如图所示,计算了滞后为 $0 \leqslant k \leqslant 250$ 时的自相关值。前两种情况是对浊音语音段,而第三种情况是对一个清音段。由于语音信号在一段时间内的周期是变化的,所以甚至在很短一段语音内也不同于一个真正的周期信号段。不同周期内的波形也有一定的变化。由图 6-5a、b 可见,对应于浊音语音的自相关函数,具有一定的周期性。在相隔一定的取样后,自相关函数达到最大值。在图 6-5c 上自相关函数没有很强的周期峰值,表明在信号中缺乏周期性,这种清音语音的自相关函数有一个类似噪声的高频波形,有点像语音信号本身。浊音语音的周期可用自相关函数中的第一个峰值的位置来估算。在图 6-5a 中,峰值约出现在 72 的倍数上,由此估计出浊音的基音周期为 7.2ms 或 140Hz 左右的基频。在图 6-5b 中,第一个最大值出现在 58 个取样的倍数上,它表明平均的基音调期约为 5.8ms。

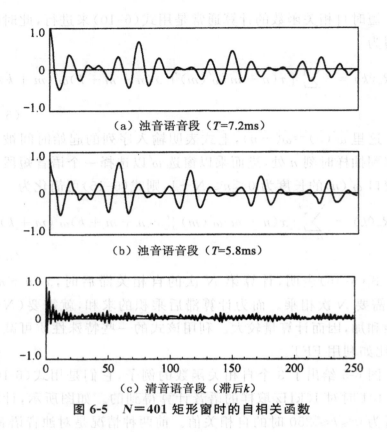

（a）浊音语音段（T=7.2ms）

（b）浊音语音段（T=5.8ms）

（c）清音语音段（滞后k）

图 6-5　N＝401 矩形窗时的自相关函数

（2）修正的短时自相关函数

在语音信号处理中，计算自相关函数所用的窗口长度与平均能量等情况略有不同。这里，N 值至少要大于基音周期的二倍，否则将找不到第二个最大值点［除 $R(0)$ 外最近的一个最大值点］。另外，N 值也要尽可能小，因为语音信号的特性是变化的，如 N 过大将影响短时性。由于语音信号的最小基频为 80Hz，因而其最大周期为 12.5ms，两倍周期为 25ms，所以 10kHz 取样时窗宽 N 为 250。因而，用自相关函数估算基音周期时，N 不应小于 250。由于基音周期的范围很宽，所以应使窗宽匹配于预期的基音周期。长基音周期用窄的窗，将得不到预期的基音周期；而短基音周期用宽的窗，自相关函数将对许多个基音周期作平均计算，这是不必要的。为此可采用自适应于基音周期的窗口长度法,但是这种方法比较复杂。为解决这个问题,可用"修正的短时自相关函数"来代替短时自相关函数。

修正的短时自相关函数定义为

$$\hat{R}_n(k) = \sum_{m=-\infty}^{\infty} x(m)\omega_1(n-m)x(m+k)\omega_2(n-m-k)$$

$$(6\text{-}17)$$

$$\hat{R}_n(k) = \sum_{m=-\infty}^{\infty} x(n+m)\omega_1'(m)x(n+m+k)\omega_2'(m+k)$$

上面两个式子分别与式(6-10)和式(6-15)相对应,不同的是这里 $\omega_1'(n)\omega_2'(n)$ 用了不同的长度。为了消除式(6-17)中可变上限引起的自相关函数的下降,可以选取 $\omega_2'(n)$ 使其包括 $\omega_1'(n)$ 的非零间隔以外的取样。例如,在矩形窗时,可以使:

$$\omega_1'(m) = \begin{cases} 1 & 0 \leqslant m \leqslant N-1 \\ 0 & \text{其他} \end{cases}$$

$$\omega_2'(m) = \begin{cases} 1 & 0 \leqslant m \leqslant N-1+k \\ 0 & \text{其他} \end{cases} \qquad (6\text{-}18)$$

因此,式(6-17)可以写为:

$$\hat{R}_n(k) = \sum_{m=0}^{N-1} x(n+m)x(n+m+k)(0 \leqslant k \leqslant K)$$

$$(6\text{-}19)$$

这里 K 是最大的延迟点数。此式表明,总是取 N 个取样的平均,而且 n 到 $n+N-1$ 间隔以外的抽样也包括在计算里了。在式(6-16)和式(6-19)中计算数据之间的差别表示于图 6-6 中。其中图 6-6a 表示一个语音波形,图 6-6b 表示由一个矩形窗选取的 N 个抽样段。对于一个矩形窗,这个段作为式(6-16)中的两项,而在式(6-19)中将是 $x(n+m)\omega_1'(m)$ 项,图 6-6c 表示式(6-19)的另一项。需要注意,这里包括了 K 个外加抽样。

严格地说,$\hat{R}_n(k)$ 是两个不同的有限长度语音段 $x(n+m)\omega_1'(m)$ 和 $x(n+m)\omega_2'(m)$ 的互相关函数。因而 $\hat{R}_n(k)$ 具有互相关函数的特性,而不是一个自相关函数,如 $\hat{R}_n(k) \neq \hat{R}_n(-k)$。然而 $\hat{R}_n(k)$ 在周

期信号周期的倍数上有峰值，所以与 $\hat{R}_n(0)$ 最近的第二个最大值点仍然代表了基音周期的位置。图 6-7 表示了相应于图 6-5 所给例子的修正自相关函数。在 $N=401$ 时因为波形变动的效应超过了图 6-6 中逐渐变细的效应，所以这两张图看上去很相似。

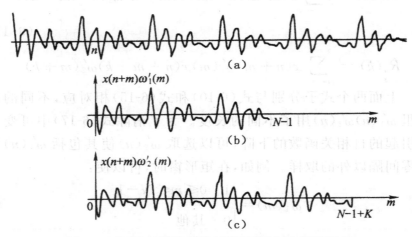

图 6-6　短时自相关函数计算中所含抽样的说明

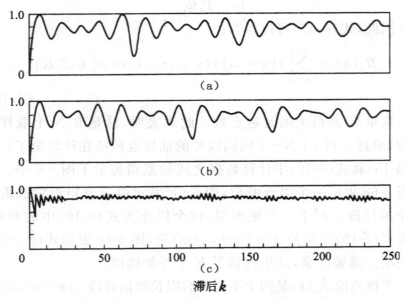

图 6-7　与图 6-5 对应的修正的短时目相关函数

5. 短时平均幅度差函数

短时自相关函数是语音信号时域分析的重要参量。但是,计算自相关函数的运算量是很大的,其原因是乘法运算所需时间较长。简化计算自相关函数的方法有多种,如 FFT 等,但都无法避免乘法运算。为了避免乘法,一个简单的方法就是利用差值。为此常常采用另一种与自相关函数有类似作用的参量,即短时平均幅度差函数(AMDF)。

平均幅度差函数能够代替自相关函数进行语音分析,是基于这样一个事实,即语音的浊音具有准周期性(设周期为 N_p)。如果信号是完全的周期信号,则相距为周期的倍数的样点上的幅值是相等的,差值为零,即

$$d(n) = x(n) - x(n-k) = 0 (k = 0, \pm N_p, \pm 2N_p \cdots) \quad (6\text{-}20)$$

而实际的语音信号,$d(n)$ 虽不为零,但值仍很小。这些极小值将出现在整数倍周期的位置上。为此,可定义短时平均幅差函数:

$$F_n(k) = \frac{1}{R} \sum_{m=-\infty}^{\infty} |x(n+m)\omega'_1(m) - x(n+m+k)\omega'_2(m+k)|$$

$$(6\text{-}21)$$

式中,R 是信号 $x(n)$ 的平均值。

显然,如果 $x(n)$ 在窗口取值范围内具有周期性,则 $F_n(k)$ 在 $k = N_p, 2N_p, \cdots$ 处将出现极小值。应该指出,这里窗口应使用矩形窗。如果两个窗口 $\omega'_1(n)$ 和 $\omega'_2(n)$ 有相同的长度,则得到类似于自相关函数的一个函数。如果比长,则有类似于式(6-19)的修正的自相关函数的那种情况。可以证明

$$F_n(k) = \frac{\sqrt{2}}{R}\beta(k)[\hat{R}_n(0) - \hat{R}_n(k)]^{\frac{1}{2}} \quad (6\text{-}22)$$

式中,$\beta(k)$ 对不同的语音段可在 $0.6 \sim 1.0$ 之间变化,但是对一个特定的语音段,它随足值的变化不是很快。

图 6-8 给出 AMDF 函数的例子,它与图 6-5 和图 6-7 中相应

的语音段一样具有相同的宽度。可以看到，AMDF 的函数确实有式(6-22)所给出的形状。因此，在浊音语音的基音周期上，$F_n(k)$ 值急剧下降，而在清音语音时没有明显下降。采用矩形窗时，有

$$F_n(k) = \frac{1}{R} \sum_{n=0}^{N-1} |x(n) - x(n+k)| \quad (k = 0, 1, \cdots, N-1)$$

$$(6-23)$$

因此，计算 $F_n(k) = \frac{1}{R} \sum_{n=0}^{N-1} |x(n) - x(n+k)| \quad (k = 0, 1, \cdots, N-1)$ 只需加法、减法和取绝对值的运算，与自相关函数的相加与相乘运算相比，其运算量大大减小，尤其在硬件实现语音信号分析时有很大好处。为此，AMDF 已被用在许多实时语音处理系统中。

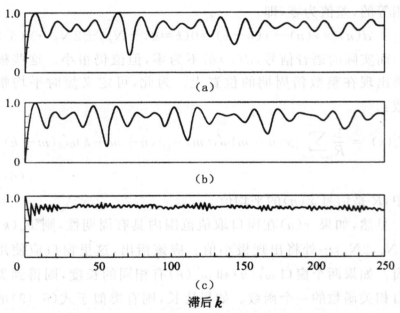

图 6-8　与图 6-5 和图 6-7 有相同语音段的 AMDF 函数(归一化为 1)

6.2.2　语音信号的频域分析

傅里叶变换在信号处理中具有十分重要的作用。傅里叶变换将信号分解为各个不同频率分量的组合，使信号的时域特征与

频域特征联系起来，能使信号的某些特性变得很明显，而在原始信号中这些特性可能含混不清或至少不明显。它是信号分析的有力工具。在语音信号处理中，傅里叶变换在传统上一直起主要作用。其原因一方面在于稳态语音的生成模型由线性系统组成，此系统被一随时间作周期变化或随机变化的信号源所激励。因而系统输出频谱反映了激励与声道频率响应特性。另一方面语音信号的频谱具有非常明显的语言声学意义，可以获得某些重要的语音特征（如共振峰频率和带宽等）。

　　傅里叶频谱分析是语音信号频域分析中被广泛采用的一种方法，傅里叶频谱分析是用软件的方法来实现的。傅里叶频谱分析的基础是傅里叶变换，用傅里叶变换及其逆变换可以求得傅里叶谱、自相关函数、功率谱、倒谱等多种频谱分析方法。图 6-9 为几种谱之间的关系。

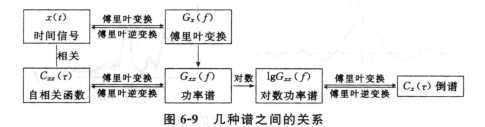

图 6-9　几种谱之间的关系

　　傅里叶谱 $G_x(f)$ 由时间信号 $x(f)$ 的傅里叶变换求得，即

$$G_x(x) = \int_{-\infty}^{x} x(t) \mathrm{e}^{-j2\pi ft} \mathrm{d}t \qquad (6-24)$$

时间信号 $x(t)$ 的自相关函数 $C_{xx}(\tau)$ 为：

$$C_{xx}(\tau) = \int_{-\infty}^{\infty} x(t) x(t+\tau) \mathrm{d}t \qquad (6-25)$$

功率谱 $G_{xx}(f)$ 与自相关函数 $C_{xx}(\tau)$ 的关系为：

$$C_{xx}(\tau) = \int_{-\infty}^{\infty} G_{xx}(f) \mathrm{e}^{j2\pi f\tau} \mathrm{d}f$$

$$G_{xx}(f) = \int_{-\infty}^{\infty} C_{xx}(\tau) \mathrm{e}^{-j2\pi f\tau} \mathrm{d}\tau \qquad (6-26)$$

功率谱 $G_{xx}(f)$ 与傅里叶谱 $G_x(f)$ 的关系由式（6-27）确定：

$$G_{xx}(f) = G_x(f) \cdot G_x^*(f) \qquad (6\text{-}27)$$

式中，$G_x^*(f)$ 为 $G_x(f)$ 的复共轭值。

图 6-10 为上述 4 种函数的图形。功率谱 $G_{xx}(f)$ 是只具有振幅信息的实函数，和相位无关。因此功率谱 $G_{xx}(f)$ 也可写成式(6-28)：

$$G_{xx}(f) = |G_x(f)|^2 \qquad (6\text{-}28)$$

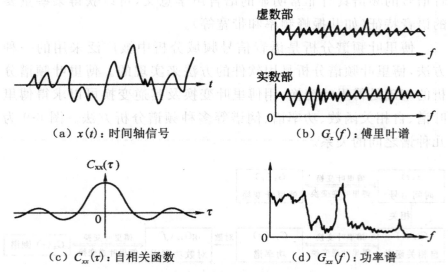

（a）$x(t)$：时间轴信号　　　　　（b）$G_x(f)$：傅里叶谱

（c）$C_{xx}(\tau)$：自相关函数　　　　（d）$G_{xx}(f)$：功率谱

图 6-10　4 种函数的图形

对功率谱取其对数，又因为语音信号的傅里叶谱 $G_x(f)$ 为声门激励频谱和声道传移函数的积，因此有

$$\lg G_{xx}(f) = 2\lg|G_x(f)| = 2[\lg|G(f)| + \lg|v(f)|] \quad (6\text{-}29)$$

式中，$G(f)$ 为声门激励频谱；$v(f)$ 为声道传移函数。由上式可见，利用对数运算，可将两个分量积的变换变为和的变换；对对数功率谱取傅里叶变换，就得到倒谱

$$G_x(\tau) = \left| \int_{-\infty}^{\infty} \lg G_{xx}(f) e^{-j2\pi f\tau} df \right|^2 \qquad (6\text{-}30)$$

由式(6-30)反映出对数功率谱的傅里叶变换并没有使函数返回时域，而是进入一个新域。这个新域称作时率或倒频，这种谱称作倒谱。图 6-11 表示功率谱和倒谱的关系。倒谱的自变量

τ（即时率）具有和自相关函数的时间 τ 相类似的作用。高的时率，表示频谱变动快；低的时率，表示频谱变动慢。

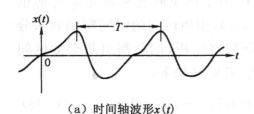

（a）时间轴波形 $x(t)$

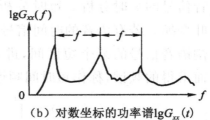

（b）对数坐标的功率谱 $\lg G_{xx}(t)$

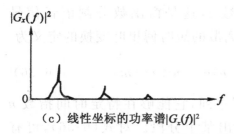

（c）线性坐标的功率谱 $|G_x(f)|^2$

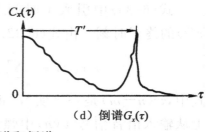

（d）倒谱 $G_x(\tau)$

图 6-11　功率谱和倒谱

图中几个变量的关系为

$$T = T' = \frac{1}{f} \tag{6-31}$$

离散时间信号 $x(n)$ 的傅里叶变换为

$$x(e^{j\omega}) = \sum_{n=-\infty}^{\infty} x(n) e^{-j\omega\tau} \tag{6-32}$$

其傅里叶反变换为

$$x(n) = \frac{1}{2\pi} \int_{-\pi}^{\pi} x(e^{j\omega}) e^{j\omega\tau} d\omega \tag{6-33}$$

有限长序列 $x(n)$（长度为 N）的离散傅里叶变换及其反变换为

$$x(k) = \sum_{n=0}^{N-1} x(n) e^{-j2\pi kn/N} \quad 0 \leqslant k \leqslant N-1$$

$$x(k) = \frac{1}{N} \sum_{k=0}^{N-1} x(k) e^{-j2\pi kn/N} \quad 0 \leqslant k \leqslant N-1 \tag{6-34}$$

式（6-34）将 $x(n)$ 表示为离散频率 $0,1,2,\cdots,N-1$ 的正弦波之和，因而傅里叶变换可理解为信号的频率分析。

　　语音信号的特性是随时间缓慢变化的,因此,可以假定语音信号的时间特性在 $10 \sim 30ms$ 时间间隔内固定不变,由此引出语音信号的短时分析。短时分析应用于傅里叶变换就是短时傅里叶变换。若有语音的时间信号 $x(t)$,用短区间的时间窗函数来分割语音信号的某个短区间,进行频谱分析,把分割出某个短区间而求得的频谱,称作短时间频谱,其定义如下:

$$x(\omega,\tau) = \int_{-\infty}^{\tau} x(t)h(\tau-t)e^{-j\omega\tau}dt \qquad (6\text{-}35)$$

　　式(6-35)中引入了时间参数 τ,这是窗函数分割语音信号 $x(t)$ 的终了时刻。由式(6-32),离散的短时傅里叶变换的定义为

$$x_n(e^{j\omega}) = \sum_{n=-\infty}^{\infty} x(m)e^{-j\omega m}w(n-m) \qquad (6\text{-}36)$$

式中,$w(n-m)$ 是一个实数"窗"序列,它能够在特定时间指数 n 上从输入语音信号 $x(n)$ 中强调出某个分段。对式(6-36),可有两种解释:若假定 n 固定不变,这时 $x_n(e^{j\omega})$ 就是 $x(n)w(n-m)$ 序列的标准傅里叶变换,此时 $x_n(e^{j\omega})$ 具有标准傅里叶变换的特性;若假定 w 为固定时,$x_n(e^{j\omega})$ 就是时间指数 n 函数。它们是信号序列和窗函数序列的卷积,此时窗口的作用相当于一个滤波器。

　　用离散的傅里叶变换求短时傅里叶谱时,可在某种程序上自由选择分割出 N 个数据。离散傅里叶变换中,必须作 N^2 次乘法运算。当把采样数据的个数 N 作为 2 倍数 2^L 时,求傅里叶谱只要作 $(NL/2)$ 次乘法,这能大幅度地减少运算的时间。这种变换称作快速傅里叶变换(FFT)。

6.3　语音识别专用芯片

　　专用芯片根据内部控制运算核心的数位划分档次,如 4 位、8 位、16 位等。位数越多,运算处理能力越强,性能越好、档次越高。

　　专用芯片的制作有两种途径:一种是包括底层版图在内的所

有工作全部由自己完成。这种方式前期投入较大（600 万～1000
万元），工期较长，风险也较大；另一种是利用现有的成熟半成品，
装上自己研发的相应软件后，形成专用芯片。这种方式前期投入
少（前者的十分之一）、可靠性高、工期短、风险也小。但是对半成
品厂家的依赖性较强，必须在对方工厂投产、单价较高。

目前常见的专用芯片开发模式是：首先在 PC 环境下，尝试、探究
新思路新算法；成熟确定后，转换（翻译）为专用芯片"量身定做"的相
应软件部分。前阶段一般在科研院校进行；后阶段则在企业进行。

语音识别的 PC 级产品和芯片级产品各有特点，应用领域截
然不同。如果把前者比作石头，那么后者就像沙砾。主要是便携
式语音产品的应用，如无线手机上的拨号、汽车设备的语音控制、
智能玩具、家电遥控等方面的应用。

6.3.1　功能特点

语音识别专用芯片的中心运算处理器只是一片低功耗、低价
位的智能芯片，与一台甚至多台 PC 机相比，其运算速度、存储容
量都非常有限，因而这些由专用芯片实现的语音识别系统有如下
几个特点。

①多为中、小词汇量的语音识别系统，即只能够识别 10～100
个词条。

②一般仅限于特定人语音识别的实现，即需要让使用者对所
识别的词条先进行学习或训练，这一类识别功能对语种、方言和
词条没有限制。

③由此芯片组成一个完整的语音识别系统。因此，除了语音
识别功能以外，为了有一个好的人机界面和识别正确与否的验
证，该系统还必须具备语音提示（语音合成）及语音回放（语音编
解码记录）功能。

④多为实时系统，即当用户说完待识别的词条后，系统立即
完成识别功能并有所回应，这就对电路的运算速度有较高的

要求。

⑤除了要求有尽可能好的识别性能外,还要求体积尽可能小、可靠性高、耗电省、价钱低等特点。

6.3.2 语音识别专用芯片的应用领域

语音识别专用芯片的应用领域,主要包括以下几个方面。

①电话通信的语音拨号。特别是在中、高档移动电话上,现已普遍具有语音拨号的功能。随着语音识别芯片价格的降低,普通电话上也将具备语音拨号的功能。

②汽车的语音控制。由于在汽车的行驶过程中,驾驶员的手必须放在方向盘上,因此在汽车上拨打电话,需要使用具有语音拨号功能的免提电话通信方式。此外,对汽车的门、窗、空调、照明以及音响等设备,同样也可以由语音来方便地控制。

③工业控制及医疗领域。当操作人员的眼或手已经被占用的情况下,在增加控制操作时,最好的办法就是增加人与机器的语音交互界面。由语音对机器发出命令,机器用语音做出应答。

④个人数字助理(Personal Digital Assistant,PDA)的语音交互界面。PDA 的体积很小,人机界面一直是其应用和技术的瓶颈之一。由于在 PDA 上使用键盘非常不便,因此,现多采用手写体识别的方法输入和查询信息。但是,这种方法仍然让用户感到很不方便。现在业界一致认为,PDA 的最佳人机交互界面是以语音为传输介质的交互方法,并且已有少量应用。随着语音识别技术的提高,可以预见,在不久的将来,语音将成为 PDA 主要的人机交互界面。

⑤智能玩具。通过语音识别技术,可以与智能娃娃对话,可以用语音对玩具发出命令,让其完成一些简单的任务,甚至可以制造具有语音锁功能的电子看门狗。智能玩具有很大的市场潜力,而其关键在于降低语音芯片的价格。

⑥家电遥控。用语音可以控制电视机、VCD、空调、电扇、窗

帘的操作,而且一个遥控器就可以把家中的电器皆用语音控起来,这样,可以让各种电器的操作变得简单易行。

6.3.3　语音识别专用芯片的类型

根据识别性能及语音识别算法的不同,语音识别专用芯片大致有以下几种类型。

①由多带通滤波器及线性匹配电路构成。这是在 20 世纪 80 年代初期的产品,也是最早期的语音识别专用集成电路(Integrated Circuit,IC)。它是由一组带通滤波器组成特征提取电路,然后用线性匹配电路进行模式匹配。这种电路的语音识别性能低,现已很少应用。最典型的芯片是东芝公司 1986 年生产的 T6658A,它由 23 个开关电容 LSI(Large Scale Integration,大规模集成电路)组成的带通滤波器及线性模式匹配电路组成,为特定人孤立词识别,最高识别 40 个词条,平均识别率为 80% 左右。

②由单片微控器(Micro-programmed Control Unit,MCU)组成的语音识别专用 IC。用 8 位机或 16 位机作为计算核心,外加 A/D 变换,D/A 变换以及存储器组成。由于 MCU 的运算能力有限,因而其识别算法不可能复杂,精度也低,故一般识别率不会太高。典型芯片是 1996 年美国 Sensory 公司生产的 RSC-146。

③由数字信号处理器(Digital Signal Processor,DSP)组成的语音识别系统。一般由定点 16 位 DSP 组成,外加 A/D 变换、D/A 变换,以及 ROM、RAM、FLASH 等存储器组成。由于 DSP 包含用作数字信号处理运算的专用部件,因而运算能力强,精度高,适于组成较高性能的语音识别系统。最常用的 DSP 芯片有 TI 公司的 TMS320AC54XX 系列,AD 公司的 ADSP218X 系列,以及 DSPG 公司开发的 OAK 系列。用 DSP 组成的语音识别系统可以实现孤立词特定人和非特定人语音识别功能,其识别词条可以达到中等词汇量。此外,还可以实现说话人识别以及高质量高压缩率语音编解码功能,因而同时可以产生高品质的语音合成和语

音回放功能，这是当前语音识别专用芯片的主流组成。

　　④由人工神经网络构成的语音识别专用芯片。由于语音信号是一个时间区间动态变化的信号，一般采用的多层前向感知机算法。但是，由于人工神经网络很难达到和语音信号的最佳匹配，因此用人工神经网络实现的语音识别系统的识别性能很不理想。而如果采用时延单元神经网络，并且与其他方法配合，则可以实现较高性能的语音识别。例如，1991 年 GMResLab 利用时延单元神经网络（Time Delay Neural Network，TDNN）模拟芯片实现了特定人英语数字串的识别，8 个数字串的识别率达到了98%以上。

　　⑤语音识别系统级芯片（System on Circuit，SOC）。将 MCU或 DSP、A/D、D/A、RAM、ROM 以及预放、功放等电路集成在一个芯片上，只要加上极少的电源供电等单元就可以实现语音识别、语音合成以及语音回放等功能。这是最近两年出现的最先进的语音识别芯片，其性能价格比较高，功耗省。最有代表性的是 Sensory公司的 RSC-364 及 Infineon 公司的 UniSpeech-SDA80D51。

6.3.4　算法特点

　　语音识别系统的基本流程如图 6-12 所示。

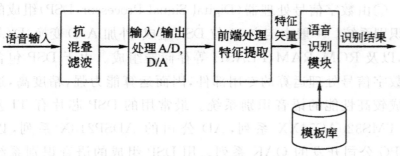

图 6-12　语音识别系统的基本流程

　　语音信号输入后首先经过滤波器，去除干扰及可能造成混淆的成分，然后由前端处理模块提取语音识别所需的特征参数。当前语音识别所用的特征参数主要有两种类型:线性预测倒谱系数(Linear Prediction Cepstrum Coefficient,LPCC)和 MEL 频标倒谱系数(Mel Frequency Cepstrum Coefficient,MFCC)。

LPCC 系数主要是模拟人的发声模型,未考虑人耳的听觉特性。它对元音有较好的描述能力,对辅音的描述能力及抗噪性能比较差,而其优点为计算量小,易于实现。

MFCC 系数则考虑到了人耳的听觉特性,具有较好的识别性能。但是,由于它需要进行快速傅里叶变换,将语音信号由时域变换到频域上处理,因此其计算量和计算精度要求高,必须在 DSP 上完成。

语音识别模块的作用是将输入信号的特征与模板库中已训练好的语音模板进行比较识别,找到最好的识别结果。现在应用较为广泛的语音识别算法主要有以下几种。

①动态时间规整(Dynamic Time Warping,DTW)。这一方法自 20 世纪六七十年代发展至今,现在在孤立词、特定人、小词表识别系统中,仍然有其优点。其训练方法简单,计算量较小,在很多任务简单的识别系统当中,还在使用这种方法。

②离散隐马尔可夫模型(Discrete Hidden Markov Model,DHMM)HMM。其方法是当前语音识别系统的主流识别算法。它是建立在统计模型基础上的识别方法,其识别性能高,稳健性(Robust)好,尤其在非特定人识别中,具有明显的优势。离散 HMM 方法是先将特征参数进行矢量量化(Vector Quantization,VQ),用离散的数值表示特征矢量,然后再进行 HMM 的统计识别,这样可以大大压缩特征参数在识别过程中的运算量和存储空间。当然,在量化过程中会带来损失,对识别性能有一定的影响。但是,为了能在资源非常有限的芯片上进行非特定人、孤立词识别,DHMM 方法仍是可行的方案。

③连续隐马尔可夫模型(Continuous Hidden Markov Model,CHMM)。该方法识别精度高,但运算量大,主要用于大词汇量连续语音识别,并且一般都需要基于 PC 机平台,目前尚未在专用

芯片上实现。

④人工神经网(Neural Network,NN)。由于语音信号具有动态时间特性,因而应用人工神经网络优化有一定困难,难以达到很高的识别性能,而且学习时间长,运算量过大,只有极少量的语音识别专用芯片使用该算法进行识别。

6.3.5 典型语音识别专用芯片举例

从20世纪六七十年代以来,语音识别的研究人员一直致力于语音识别专用芯片的研究,但是,大多数的语音识别专用芯片识别性能差,不具备实用的要求。直到近十年,随着语音识别算法的深入研究和集成电路技术的发展,才出现了一些具有实用价值和市场前景的语音识别专用芯片。其中,较为成功的两个芯片系列详细介绍如下。

1. Sensory RSC 系列

Sensory RSC 系列是美国 Sensory Integrated Circuit 公司生产的集语音综合与识别于一体的系列语音芯片,主要有 RSC-164、RSC-200/264、RSC-300/364、RSC-4X 等。现分别介绍如下。

(1)RSC-200/264

SENSORY 的 RSC-200/264 是专门为成本较为敏感的消费类电子和玩具业设计的。RSC-200/264 也是一块 8 位的微处理器,支持 4.0 的语音技术:与说话者无关/有关的语音识别、声音合成、语音确认、持续监听、录音和回放。片上集成有麦克风预放大电路、ADC、DAC、ROM、RAM 和 PWM(Pulse Width Modulation 脉宽可调)的喇叭输出,可实现 DTMF 拨号、音源的 AGC 功能、有 16 个通用 I/O 端口及省电模式-最小的功耗(小于 $5\mu A$)。从而使系统成本大大降低。RSC-200 与 RSC-264 的区别就是少一个 64K 的 ROM。

（2）RSC-300/364

从 2000 年开始生产，是专门为消费类电子产品应用而设计的，它有更快的响应时间、先进和附加的技术（包括数字拨号，固定单词触发，同时产生数字记录和识别模板）。拥有高度集成和高识别率的系统化芯片。RSC-364 结构图如图 6-13 所示。它是以 8 位 MCU 为核心的 CMOS 器件，片上还集成了 ROM、RAM、A/D、D/A、前端放大器及功率放大器件，可以算得上是一种片上系统（System On Chip），其运算能力为 4Mi/s。为了提高运算能力，片上包括了一个 24 位×24 位的乘法器。只要加上很少的外围元件就可以组成一个语音识别系统。

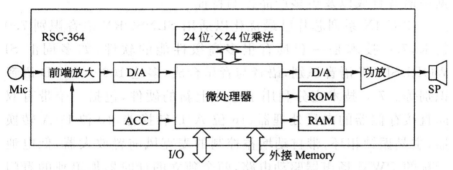

图 6-13　RSC-364 的基本结构框图

RSC-300/364 使用预先学习好的人工神经网络进行非特定人语音识别，不需要经过训练就可以识别"Yes""No""Ok"等简单语句，其 Data Book 上称其识别率为 97%。RSC-300/364 有额外的 SDAM 和硬件加速器去支持 SENSORY 的最新技术（5.0 以上）。这种特别设计的 8 位微处理器在拥有灵活的编程时支持一系列语音技术：与说话者无关或有关的识别、语音和音乐的合成、语音确认、语音提示、持续监听、快速数字拨号、录音和回放。RSC-300/364 允许在片上存储最多 6 个与说话者有关的短句。RSC-300 与 RSC-364 的区别就是少一个 64K 的 ROM，根据封装和版本的不同，RSC-300/364 的价格在 2.2~3.9 美元之间。RSC-300/364 可以识别特定人、孤立词命令语句，为 60 条左右，其 Data Book 上称其识别率为 99％以上。

RSC-300/364 还具有 5～15KB/s 的语音合成，其语音合成由 Sensory 专门设计，音质较好。它还具有改进的 ADPCM（自适应差分脉冲调制）语音编解码功能，用作语音回放。

（3）RSC-4X 系列芯片

这是一高集成语音识别及语音合成处理器系列，针对的是消费类、手持类及车载类产品，2002 年开始生产。作为 SENSORY 公司的第四代处理器，RSC-4X 系列以在工业上处于领先地位的 RSC-364 为基础，在严格控制系统成本的同时提高了精确度并增加了很多特性，包括语音识别速度的加快，抗噪性能的提高，低数据率语音合成以及更多产品控制特征。

RSC-4X 系列芯片已最优化以适用 SENSORY 语音识别 7.0 技术，7.0 技术是一套具有很多高级性能的软件，如多词汇 SI WORDSPOT 语音识别，语音与音乐合成，多达 100 人的 SD 语音识别等。7.0 技术充分利用了芯片上新的硬件，包括一个带有双向直接存储器的向量处理器，16 位 A/D 转换器，10 位 D/A 转换器，主晶振锁相环，带自动增益控制的麦克风前置放大器，低电池干扰的 PWM 扬声器驱动电路，两个独立的计时器加单独的看门狗电路，4 个比较器输入，2 种省电模式及 24 个 I/O 口。

RSC-4X 系列芯片可以以非常低的系统成本应用于免手装置中，仅需要增加一个低成本的麦克风、扬声器及晶振就可以组成一套完整的方案。该系列芯片同时支持 SENSORY 的 SX 语音合成技术，这是一项新的高质量、低数据率的仅 SENSORY 才有的 LPC 技术，它使得产品可以将超过 5min 的压缩语音，各种 SI、SD、SV 词汇，及所有应用程序都放在一块芯片上。同时，所有技术软件都包含在了芯片价格里，避免了潜在的兼容性及与其他卖主之间的谈判问题。为了加快市场化速度，SENSORY 提供一整套全新的工具，包括内部电路模拟器、C 编译器及低成本开发装置。

RSC-4X 系列芯片包括 RSC-4000、RSC-4128、RSC-4256。

RSC-4000 没有片内 ROM,但有地址线和数据线,可以外接存储器,RSC-4128 和 RSC-4256 片内分别有 128KB 和 256KB MASK ROM。RSC-4X 系列芯片的价格起点在 100K 量时低于 2 美元,包含了所有需要的语音技术软件。

2. UniSpeech-SDA80D51

德国 Infineon 公司于 2000 年开始生产的产品,它是一颗高性能的语音专用芯片,其基本结构如图 6-14 所示。

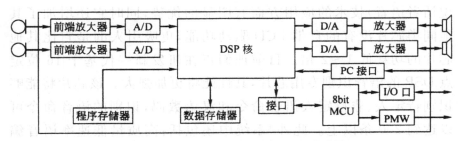

图 6-14　UniSpeech-SDA80D51 的基本结构框图

这样的设计能够满足立体声处理或者消除外界干扰等功能要求,如在汽车上使用时,可以消除发动机和轮胎转动产生的噪声干扰等。

UniSpeech-SDA80D51 的语音处理软件包括:利用 DTW 算法的特定人语音识别,能够识别 100 条语句;利用 HMM 算法的非特定人语音识别,词汇量可以达到 100 条语句;高质量、低码率(2.4～13KB/s)的语音编解码,用作语音提示和语音回放;回声消除技术,降低外界的噪声干扰;说话人识别功能等。

6.3.6　国内语音识别专用芯片的现况

国内在语音识别专用芯片的开发与研究方面起步较晚。目前有不少专家学者、科研机构、技术公司在研究开发中国人自己的语音识别技术。清华大学与华录集团合作,成功地研究开发了国内第一个具有自主知识产权的语音识别专用芯片。该芯片以 8 位 MCU 为核心，采用嵌入式芯片设计方法。芯片中包括了 8 位 MCU 核、低通滤波器、A/D、D/A、预放、功放、RAM、ROM、PWM 等模块，并载入了语音识别、语音压缩编码、语音合成算法，构成一个完整的高集成度语音识别片上系统。该芯片能够识别 20～30 条特定人语音命令，同时具有语音合成（提示）与语音编解码（回放）功能。语音识别率达到 98％以上，性能达到国际先进水平。由于华录优先考虑了语音识别技术在玩具业的应用，与国际上同类芯片相比，华录的语音识别芯片在基于汉语的 SI（不依靠说话者语音）技术的应用方面有明显的优势，同时它还增加了其他同类芯片没有的自带 LCD 驱动功能，更吸引人的是它比其他芯片的功耗低 1～2 倍。目前他们正在研发新一代基于 16 位定点 DSP 的语音识别专用芯片，其性能将更加强大。该芯片将能够识别特定人、非特定人语音命令和汉语数码，识别的语音命令可以达到 200 条以上。此外，系统中还包括：高质量低速率语音编解码、语音合成、说话人识别、回声抵消、噪声相消等其他功能。其中，非特定人汉语数码语音识别率达到 98％以上，人名呼叫拨号识别率达到 99.5％，达到国际先进水平。该芯片可以用于汽车电子系统，实现语音控制和语音拨号，语音 PDA，高档语音智能玩具，语音监录器，智能语音遥控器，高档电话伴侣等。

6.4　语音识别技术的适时应用

从 20 世纪 60 年代开始，语音识别技术被广泛研究，并应用到电话查询、电话交易、身份识别、司法刑侦等领域。每个人的语音发声器官，以及与此有关的舌、喉头、肺、鼻腔的尺寸和形态都存在很大的差异，即使双胞胎的语音图谱都有一定的差异。因此每个人的语音声学特征会有一定的稳定性，尽管会因为生理、病理、模拟、伪装和环境干扰引起变异，但语音的鉴定仍然能通过上述声学特征模型来区别不同的人及其个人身份的识别。

6.4.1　在信息查询领域的应用

基于每个人的声音特征都是唯一而且几乎不会发生变化的特性，可以很好地通过语音识别技术进行用户身份识别，从而提高呼叫中心工作的有效性，尤其在更加需要人性化服务的医疗、教育、投资、票务、旅游等应用方面，语音识别显得尤其重要。

6.4.2　在电话交易方面的应用

在通过电话进行交易的系统中，如电话银行系统、商品电话交易系统、证券交易电话委托系统，交易系统的安全性是最重要的，也是系统设计者所要重点考虑的内容。传统的电话交易系统采用"用户名＋密码"的控制机制，以确认用户的身份，并确保交易的安全性。然而这种控制机制有以下几个明显的缺点：

①为了降低用户名以及密码被猜中的可能性，用户名和密码往往很长而难以记忆或者容易遗忘；

②密码有可能被猜到，而且在现有的电话系统中，如果没有专用的端加密设备，身份密码很容易被别人窃取；

③拨打者往往需要拨打很多数字才能完成身份验证，才能最终进入系统，给用户带来很大的麻烦。

若在电话交易系统内采用语音识别技术来进行交易者的身份识别与确认，上面的问题就可以迎刃而解。

6.4.3　在语音识别文字输入软件中的应用

购买软件者通过阅读一定数量的语句，让计算机记住文字输入者的语音模型，再阅读时，语音就可转化为书面文字。这是利用一种叫作语音识别引擎的内部驱动程序，它可以识别语音并将其转换为文字。语音识别引擎可以随操作系统安装，也可以在以后随其他软件安装。在安装过程中,支持语音的软件包(如字处理程序和 Web 浏览器)可以安装自己的引擎,或使用现有的引擎。第三方供应商还提供了其他引擎。这些引擎常常使用特定的术语表或词汇表,如可能会使用医学或法律方面的专门的词汇表;它们还可以使用不同的声音,允许使用诸如英国英语之类的地区性口音,或使用另一种完全不同的语言(如德语、法语或俄语)。

6.4.4 在 PC 机以及手持式设备上的应用

在 PC 机及手持式设备上,也需要进行用户身份的识别,从而允许或拒绝用户登录电脑或者使用某些资源,或者进入特定用户的使用界面。同样,采用传统的用户名加密码的保护机制,存在着用户名和密码泄密、被窃取、容易遗忘等问题。

语音识别技术应用到 PC 机以及手持式设备上,可以无须记忆密码,起到保护个人信息安全、大大提高系统的安全性、方便用户使用的作用。如在 Mac OS 9 操作系统中就增加了 Voiceprint password 的功能,用户不需要通过键盘输入用户名和密码,只需要对着电脑说一句话就可以进行登录。

6.4.5 在保安系统以及证件防伪中的应用

语音识别系统可用于信用卡、银行自动取款机、门、车的钥匙卡、授权使用的电脑、声纹锁以及特殊通道口的身份卡,如在卡上事先存储了持卡者的声音特征码,在需要时,持卡者只要将卡插入专用机的插口上,通过一个传声器读出事先已储存的暗码,同时仪器接收持卡者发出的声音,然后进行分析比较,从而完成身份确认。

同样,可以把含有某人语音特征的芯片嵌入证件之中,通过上述过程完成证件防伪。

6.5　语音识别技术的发展趋势

近 20 年来,语音识别技术取得了显著的进步,开始从实验室走向市场。预计在未来 10 年内,语音识别技术将全面进入工业、家电、通信、汽车、电子、医疗、家庭服务、消费电子产品等各个领域。

在未来几十年中,语音识别技术还将在所有涉及人机界面的地方无所不在。特别在电信服务、信息服务和家用电器中,以"自动呼叫中心""电话目录查询"、股票、气象查询和家电语音控制等为代表的语音识别技术的应用将方兴未艾。而结合语音识别、机器翻译和语音合成技术的直接语音翻译技术,将通过计算机克服不同母语人种之间交流的语言障碍。语音也将成为下一代操作系统和应用程序的用户界面之一。在社会潜在的应用驱动下,语音识别理论和技术将得到飞速发展。

但是,语音识别技术的发展也存在一定的挑战。在语音识别中,口语识别最具技术性挑战,也最具有实用价值,是语音识别技术未来发展的重要趋势之一。

当前世界上有许多大学和研究所已开发和正在开发口语对话系统,如 Canlegie Mellon 的 Communicator、MIT 的 Jupiter 和 Mercury、AT&T 的 How May I Help You、Achen 的 Philips,国内中国科学院、清华大学、北京交通大学、沃克斯技术院等单位也开展了对话系统的研究。

同时,一些公司,如 Nuance、TellMe、BeVocal、HeyAnita、Voxeasy 等,已经成功地在一系列的领域开发出以口语为界面的应用。但从整体来说,这些系统的任务相对比较简单,大体局限在信息查询方面和命令与控制方面,并且以系统主导为主,较复杂的交互目前还正处于开发之中。

虽然已经取得了一定的进展,但语音识别技术目前还未达到应用的要求,主要原因在于语音识别技术所涉及的以下方面还没有找到完满的解决方案。

（1）环境及噪声

对话系统所处的声学处境、噪声强度、说话人离话筒的距离和位置变化等，都会对语音识别系统产生重大的影响，这是各种语音识别系统普遍存在的问题。

（2）特征提取

输入的语音信号经过一定的预处理，主要过程为采样、反混叠滤波、自动增益控制、去除声门激励和口唇辐射的影响以及去除噪声影响、端点检测等，进入特征提取阶段。现在主要的特征提取方法是基于 Mel 系数的 Mel 频率倒谱系数（MFCC）分析法，但仍存在优化的强烈动因和改进可能。

（3）声学模型

声学模型的基本问题是以识别基元的粒度优化，各种语言的最佳分辨粒度存在较大差异，同时，语言的最佳分辨粒度还与辨识任务的结构有关。

（4）实时解码

对话系统的口语识别要求解码速度至少要达到心理准实时的水平。由于实时性和准确性、内存空间占用等存在矛盾，在兼顾准确性和内存消耗的情况下，做到实时解码，是面向实际应用的系统必须考虑的问题。

（5）语言模型

语言模型是对话系统重要的知识来源，由于自然口语的语料一般不易收集，而且自然口语的语法存在语法约束较弱、停顿及插入较多等问题，语言建模在很大程度上直接影响到对话系统性能的提高。

（6）置信度

置信度是对话系统自知之明的一种度量，在人机对话的过程中有着重要的作用。虽然十多年来，人们已经提出了不少识别结果置信度预测方法，但迄今为止，尚没有找到满意的、通用的置信度预测方法。

第7章　指纹识别技术

指纹识别技术主要是通过计算机实现的一种身份识别手段，是生物识别中使用最为广泛的识别技术。在我国计划经济时代，这一技术主要用于公安刑侦。近年来，已逐渐走入民用市场。而市场对这一技术也提出了更为实用的要求，诸如小型化、设备廉价、高速计算平台、识别准确率高等。

7.1　指纹识别技术概述

指纹学家确认，指纹曾是古人进行陶器纹样设计的模板。新石器时代陶器上被考古学家命名的几何装饰纹中，如波形纹、弧形纹、圆圈纹、曲线纹、旋涡纹、雷云纹等在指纹上应有尽有。这是在积累了丰富的指纹观察经验的基础上，准确生动地创作的指纹画。这种创作的成功，是在深刻理解指纹特性基础上的再创作，是对指纹术认识的前奏曲。

秦汉时代盛行封泥制，当时的公私文书大都写在木简或木牍上，差发时用绳捆绑，在绳端或交叉处封以黏土，盖上印章或指纹，作为信验，以防私拆。这种泥封指纹，是作为个人标识，也表示真实和信义，还可防止伪造。这个保密措施可靠易行。这是中国古代第一个利用指纹的保密措施。

1959 年，新疆米兰古城出土了一份唐代藏文文书（借粟契）。这封契是用长 27.5cm、宽 20.5cm，棕色、较粗的纸写成的，藏文为黑色，落款处按有 4 个红色指印，其中一个能看到脊线，可以肯定为指纹,这是中国古代第一个印有指纹的契约文书。

另外,在我国宋代时期,判案就讲证据讲科学。指纹在那时已作为正式刑事判案的物证。《宋史·元绛传》中记载元绛利用指纹判案的故事。

指纹识别技术起源于 19 世纪对指纹学的研究,其研究最重要的结论有二,一是没有任何两个手指的纹线形态完全一致,二是任何人的指纹纹线形态终身不变。此结论足以使政府有关部门利用指纹学进行罪犯鉴别。阿根廷和苏格兰是最早使用指纹技术进行罪犯鉴定的国家。20 世纪 60 年代开始用计算机自动识别指纹,由于计算机当时还没普及,指纹自动识别系统(AFIS)仅限于司法系统的刑侦,但已在全球的警察局得到认同并广泛使用。80 年代后,PC 机逐渐广泛使用,光学指纹采集器发明,指纹识别技术因上述两项原因开始进入非司法领域。尤其是在 90 年代后,廉价的指纹采集器和计算设备的产生,解决了快速准确的匹配算法问题,指纹识别技术从此进入了基于个人应用的时代。

7.2　指纹识别技术的原理和特点

7.2.1　指纹识别技术的原理

1. 指纹图像采集技术

因为用于测量的指纹仅是相当小的一片表皮,所以应有足够好的分辨率以获得指纹的细节。目前所用的指纹图像采集设备,基本上基于 3 种技术基础:光学技术、半导体硅技术、超声波技术。

(1)光学技术

借助光学技术采集指纹是历史最久远、使用最广泛的技术。

将手指放在硬度接近 10 的光学镜片上,手指在内置光源照射下,用棱镜将其投影投射在电荷耦合器件(CCD)上,进而形成脊线呈黑色、谷线呈白色的数字化的、可被指纹设备处理的多灰度指纹图像。

　　光学的指纹采集设备有明显的优点:它经过较长时间的应用考验,一定程度上适应温度的变异,廉价,达到 500DPI 的较高的分辨率等。其缺点是:由于要求足够长的光程,因此要求足够大的尺寸,不过像 SecuGen 等公司通过棱镜的多次反射在未缩短光程的前提下已将原有的高度缩小一半。

　　过分干燥和过分油腻的手指也将使光学指纹产品的效果变坏。一般情况下对于过干的手指用润肤油润湿一下,就会显著提高指纹质量,而对过分油腻或湿润的手指则需要擦拭。

　　所以,有的公司为提升指纹采集效果,在指纹采集器表面再加贴一层塑料薄膜,但该种薄膜的寿命不够理想,软薄膜会堆积污垢,而且前一使用者残留在塑料膜上的指纹会对后一指纹采集造成轻度"干扰",使图像质量下降。

　　(2)硅技术(或称 CMOS 技术)

　　20 世纪 90 年代后期,基于半导体硅电容效应的技术趋于成熟。硅传感器成为电容的一个极板,手指则是另一极板,利用手指纹线的脊和谷相对于平滑的硅传感器之间的电容差,形成 8bit 的灰度图像。

　　①优点。它可以在较小的表面上获得与光学技术同样好,甚至更好些的图像质量,在 1cm×1.5cm 的表面上获得 200～300 线的分辨率(较小的表面也导致成本的下降和能被集成到更小的设备中)。

　　②缺点。电容采集头的缺点之一是容易受到干扰,从 60Hz 的电缆线的干扰到用户接触时的干扰、指纹采集器内部的电干扰等。电容采集头的另一问题是可靠性不高,无论是静电干扰,汗液中的盐分或者其他的脏物以及手指磨损都会导致采集头很难读取指纹。

（3）超声波技术

为克服光学技术设备和硅技术设备的不足，一种新型的超声波指纹采集设备已经出现。其原理是利用超声波具有穿透材料的能力，且随材料的不同而产生不同的回波（超声波到达不同材质表面时，被吸收、穿透与反射的程度不同），因此，利用皮肤与空气对于声波阻抗的差异，就可以区分指纹脊与谷所在的位置。

超声波技术的特点：

①所使用的超声波频率为 $10^4 \sim 10^9$ Hz；

②超声波的能量被控制在对人体无损的程度（与医学诊断的强度相同）；

③分辨率与光学指纹采集设备相近；

④成本已降低到可接受的程度；

⑤超声波技术产品可能达到最好的精度，它对手指和平面的清洁程度要求较低，但其采集时间会明显长于前述两类产品。例如，有一款超声波产品的指纹登记时间长达 8.12s，其中扫描时间为 4.6s，处理时间为 3.52s。

2. 指纹图像预处理

指纹图像预处理主要是为特征值提取的有效性、准确性做好准备。一般包括如下的过程。

（1）指纹图像增强

指纹图像增强的目的主要是减少噪音，增强脊谷对比度，使得图像更加清晰真实，便于后续指纹特征值提取的准确性。指纹图像增强的方法较多，常见的有通过 8 域法计算方向场与设定合适的过滤阈值。处理时，依据每个像素处脊的局部走向，会增强在同一方向脊的走向，并且在同一位置，减弱任何不同于脊的方向。

（2）指纹图像平滑处理

平滑处理是为了让整个图像取得均匀一致的明暗效果。平滑处理的过程是选取整个图像的像素与其周期灰阶差的均方值作为阈值来处理的。

（3）指纹图像二值化

在原始灰度图像中，各像素的灰度是不同的，并按一定的梯度分布。在实际处理中只需要判定像素是不是脊线上的点，而无须知道它的灰度。所以每一个像素对判定脊线来讲，只是一个"是与不是"的二元问题。指纹图像二值化是对每一个像素点按事先定义的阈值进行比较：大于阈值的，使其值等于 255（假定）；小于阈值的，使其值等于 0。图像二值化后，不仅可以大大减少数据储存量，而且使得后面的判别过程少受干扰，大大简化了其后的处理。

（4）指纹图像细化处理

图像细化就是将脊的宽度降为单个像素的宽度，得到脊线的骨架图像的过程。这个过程进一步减少了图像数据量，清晰化了脊线形态，为之后的特征值提取做好了准备。

由于人们所关心的不是纹线的粗细，而是纹线的有无，因此，在不破坏图像连通性的情况下必须去掉多余的信息。因而应先将指纹脊线的宽度采用逐渐剥离的方法，使得脊线成为只有一个像素宽的细线，这将非常有利于下一步的分析。

7.2.2　指纹识别技术的特点

1. 指纹的固有特性

指纹有如下固有特性：

①确定性。每幅指纹的结构是恒定的，从胎儿 4 个月左右形成指纹后就终身不变。

②唯一性。两个完全一致的指纹出现的概率非常小，不超过 2^{-36} 的几率。

③可分类性。可以按指纹的纹线走向进行分类。

2. 指纹特征识别

指纹是手指末端正面皮肤上凸凹不平的纹路，如图 7-1 所示。皮肤的纹路包含了大量的信息，它们构成的图案、断点、交叉点因人而异，各不相同。对每个人来说，指纹是唯一的，与生俱来的，终身不变的。正是这种唯一性和稳定性，构成了指纹识别原理，即通过将某人的指纹和预先保存的指纹进行对比就可以识别或验证其真实身份。

图 7-1　手指末端皮肤的纹路

（1）指纹总体特征

指纹总体特征是指那些人眼直接可以观察到的特征，如纹形、模式区、核心点、三角点、纹数等。

①纹形。指纹专家根据研究脊线的走向和分布情况归纳出的基本纹路图案，如环形又称斗形、弓形、螺旋形，如图 7-2 所示。其他的指纹图案都基于这 3 种基本图案。仅仅依靠图案类型来分辨指纹是远远不够的，这只是一个粗略的分类，但通过分类使得在大数据库中搜寻指纹更为方便。

②模式区。模式区（Pattern Area）是指指纹上包括了总体特征的区域，即从模式区就能够分辨出指纹是属于哪一种类型的。有的指纹识别算法只使用模式区的数据。Aetex 的指纹识别算法使用了所取得的完整指纹而不仅仅是模式区进行分析和识别。

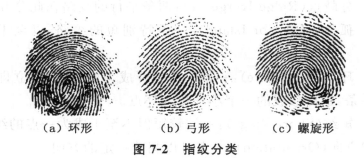

|（a）环形|（b）弓形|（c）螺旋形|

图 7-2　指纹分类

③核心点。核心点（Core Point）位于指纹纹路的渐进中心，它是读取指纹和比对指纹时的核心参考点。

④三角点。三角点（Delta）位于从核心点开始的第一个分叉点或者断点，或者两条纹路会聚处、孤立点、折转处，或者指向这些奇异点。三角点提供了指纹纹路的计数和跟踪的开始之处。

⑤式样线。式样线（Type Lines）是在指包围模式区的纹路线开始平行的地方所出现的交叉纹路，式样线通常很短就中断了，但它的外侧线开始连续延伸。

⑥纹数。纹数（Ridge Count）是模式区内指纹纹路的数量。在计算指纹纹数时，一般先连接核心点和三角点，这条连线与指纹纹路相交的数量即可认为是指纹的纹数。

（2）指纹的局部特征

指纹的局部特征是指指纹上的节点，如图 7-3 所示。两枚指纹经常会具有相同的总体特征，但它们的局部特征——节点，却不可能完全相同。指纹纹路并不是连续的、平滑笔直的，而是经常出现中断、分叉或打折。这些断点、分叉点和转折点就称为"节点"，就是这些节点提供了指纹唯一性的确认信息。

指纹上的节点有 4 种不同特性。

①分类：节点有以下几种类型，如图 7-4 所示，最典型的是终结点和分叉点。

· 终结点（Ending）：一条纹路在此终结。

· 分叉点（Bifurcation）：一条纹路在此分开成为两条或更多的纹路。

- 分歧点（Ridge Ivergence）：两条平行的纹路在此分开。
- 孤立点（Dot or Island）：一条特别短的纹路，以至于成为一点。
- 环点（Enclosure）：一条纹路分开成为两条之后，立即又合并成一条，这样形成的一个小环称为环点。
- 短纹（Short Ridge）：一端较短但不至于成为一点的纹路。

②方向（Orientation）：节点可以朝着一定的方向。

③曲率（Curvature）：描述纹路方向改变的速度。

④位置（Position）：节点的位置通过(x,y)坐标来描述，可以是绝对的，也可以是相对于三角点或特征点的。

图7-3　指纹局部特征示意图

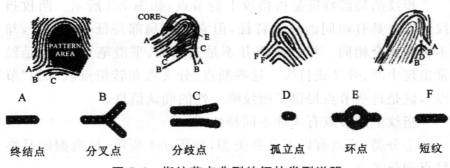

图7-4　指纹节点典型特征的类型说明

平均每个指纹都有几个独一无二可测量的特征点，每个特征点大约都有 7 个特征，因此，十个手指最少能产生 4900 个独立可测量的特征。

3. 指纹识别特征的模板建立

指纹识别技术主要涉及 4 个功能：读取指纹图像、提取特征、保存数据和比对。在一开始，通过指纹读取设备读取到人体指纹的图像，取到指纹图像之后，要对原始图像进行初步处理，使之更清晰。采集到的指纹图像输入计算机的工作，一般由扫描仪或摄像输入设备完成，它们将一枚指纹转化为一幅数字图像，通常用灰色函数来表示。图像分辨率以每英寸像素数来衡量，分辨率越高，人们在计算机上看到的每英寸的细节就越清楚，图像越精细，质量越好，数据量越大。自动指纹识别系统通过特殊的光电转换设备和计算机图像处理技术，对活体指纹进行采集、分析和对比，可以自动、迅速而准确地鉴别出个人身份。接下来，指纹辨识软件建立指纹的数字表示——特征数据，一种单方向的转换，可以从指纹转换成为特征数据但不能从特征数据转换成指纹，而两枚不同的指纹不会产生相同的特征数据。有的算法把节点和方向信息组合产生了更多的数据，这些方向信息表明了各个节点之间的关系，也有的算法还处理整幅指纹图像。总之，这些数据，通常称为模板，保存为 1k 大小的记录。无论它们是怎样组成的，至今仍然没有一种模板的标准，也没有一种公布的抽象算法，而是各个厂商自行决定。最后，通过计算机模糊比较的方法，把两个指纹的模板进行比较，计算出它们的相似程度，最终得到两个指纹的匹配结果。

一般可以分成离线部分和在线部分。其中，离线部分包括用指纹采集仪采集指纹、提取细节点、将细节点保存到数据库中形成指纹模板库；在线部分包括用指纹采集仪采集指纹、提取细节点，然后将这些细节点与保存在数据库中的模板细节点进行匹配，判断输入细节点与模板细节点是不是来自同一个手指的指纹。

7.3　指纹识别产品

7.3.1　指纹采集仪

1. 指纹采集仪的分类

（1）指纹采集仪按技术分类

按技术分类,目前常用的指纹采集仪有光学式、硅芯片式、超声波式等几类。

①光学式。光学指纹采集器使用最早最普遍。光电转换的 CCD 器件有的已换成 CMOS 成像器件,从而省略了图像采集卡直接得到的数字图像。该设备具有寿命长,对温度环境因素适应能力强、分辨率较高的优点。但由于受光路限制,通常有较严重的光学畸变。同时,CCD 器件还有因老化而降低图像质量的缺陷。

②硅芯片式。硅芯片指纹采集器的出现是在 20 世纪 90 年代末,也称第二代指纹采集器。硅芯片一般是测量手指表面的直流电场。这个电场经 A/D 转换后成为灰度数字图像。一些先进的硅芯片可以测量真皮皮肤的交流电容,其图像质量好、尺寸小,容易集成到其他设备上。缺点是耐用性差、环境适应性不好,环境恶劣时,抗静电能力、抗腐蚀能力、抗压力等均不足,而且图像面积小,将降低识别的准确性。

③超声波式。超声波指纹采集器应该是最准确的指纹采集器,也称第三代指纹采集器,但目前技术上还不够成熟。这种采集器发射超声波,根据经过手指表面、采集器表面和空气的回波来测量反射距离,从而可以得到手指表面凹凸不平的图像。超声波可以穿透灰尘和汗渍等,从而得到优质的图像。由于其尚未大

量使用,因此很难准确评价它的性能。然而,一些实验性的应用指出,这种采集器具有优越的性能。它吸收了光学采集器和硅芯片采集器的长处,具有图像面积大、使用方便、耐用性好等优点。

(2)指纹采集仪按类型分类

指纹采集仪按类型可以分为:四指指纹采集仪、二代四指指纹采集仪、半掌掌纹采集仪、全掌掌纹采集仪、滚动指纹采集仪。

①四指指纹采集仪。四指指纹采集仪又名警用活体四联指指纹采集头。SDL 光电四指指纹采集头专门为十指指纹采集仪设计,它是一种光学式采集头,有足够大的采集窗口,可以同时采集四指(食指、中指、无名指和小拇指),还可以三面滚动采集大拇指指纹。

美国最先在入境口岸采集外国游客所有手指的指纹信息,实施十指指纹采集。现在,许多欧洲、美洲、亚洲甚至非洲国家开始仿效,十指指纹采集不仅用于海关,还用于公安、刑侦、金融、机场码头等,甚至是新一代身份证,有些国家的身份证正在考虑集成十指指纹信息。

②二代四指指纹采集仪。二代四指指纹采集仪又名二代警用活体四联指指纹采集头。改进版的四指指纹采集头对上一代采集头进行了优化和升级,缩小了体积,适用于对体积高要求的场合。

③半掌掌纹采集仪。半掌掌纹采集仪又名警用活体掌纹采集头。是利用棱镜的光学原理,一次性捕捉掌纹图像,解决了掌纹的采集速度慢和质量低的问题。可以胜任多种场合,尤其对于公安刑侦,是一个非常有效的手段。掌纹采集仪也可以作为十指指纹采集仪来使用,配套有指纹系统软件进行身份识别。

④全掌掌纹采集仪。全掌掌纹采集仪又名警用活体全掌掌纹采集头。全掌掌纹采集仪的采集窗口可以完全胜任任何场合,既可以采集全掌掌纹,也可以采集半掌掌纹、十指指纹,甚至可作为单指指纹采集仪来使用,配套有指纹系统软件进行身份识别。

2. 指纹采集仪的设计

（1）设计的目的

实现一个使用 USB 接口与主机通信的高性能指纹采集仪是指纹采集仪的目的。指纹芯片选用硅晶体电容传感器，主控芯片选用 USB 模块的单片机。基本工作模式如图 7-5 所示，单片机控制硅晶体电容传感器采集指纹，然后通过单片机上集成的 USB 模块将数据送给计算机进行存储和后期处理。

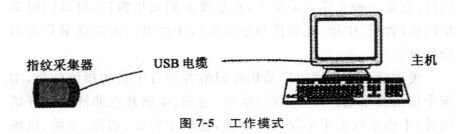

指纹采集器　　　　　　USB 电缆　　　　　　　　　　　　主机

图 7-5　工作模式

主机软件设计主要分为 USB 驱动和演示界面两个部分：采用 Windriver 软件开发 WINDOWS 平台的 USB 驱动程序；采用 VC6.0 软件开发演示平台和一些简单的指纹处理程序。

（2）系统硬件设计

①主要芯片特性。集成 USB 模块的指纹采集仪主控芯片 MC68HC908JB8 是一款高性价比单片机，芯片有 256 字节的片内 RAM，8K 字节片内 FLASH，除传统的定时器、键盘中断、串行口等 I/O 设备外，其主要特点是集成了通信速率为 1.5MB 的低速 USB 模块。

指纹采集芯片 FPS110 是硅晶体电容传感器，该传感器采用先进的半导体 CMOS 工艺，面积只有邮票般大小，具有高灵敏度、高可靠性、高分辨率（500DPI）、低功耗、低价位等许多优点，特别适用于商业及户外指纹应用系统。

②指纹采集仪系统硬件设计。指纹采集仪基本原理如图 7-6 所示，主要包含电源设计、单片机应用设计、指纹芯片应用设计等。

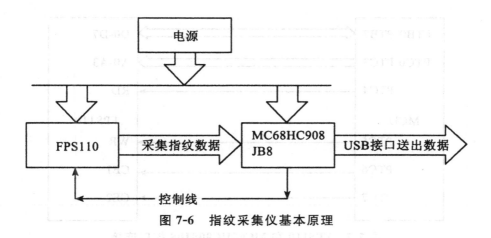

图 7-6　指纹采集仪基本原理

• 供电设计：MC68HC908JB8 和 FPS110 都可以支持 5V 供电，而且 MC68HC908JB8 还可提供 USB 接口所需的 3.3V 参考电压，所以整板只采用外接 5V 电源。设计中为了方便调试，提供了三套可选 5V 电源输入，分别是 USB 供电、仿真器接口供电和单独电源供电。

• 时钟设计：MC68HC908JB8 和 FPS110 分别供给时钟，MC68HC908JB8 采用 6M 晶体接 OSC1 和 OSC2 间，FPS110 采用 12M 晶体接 XTAL1 和 XTAL2 之间。

• FPS110 和 MC68HC908JB8 接口设计：MC68HC908JB8 有五组通用接 HPTA、PTB、PTC、PTD、PTE。设计中选用 PTB 口和 PTC 口与 FPS110 连接，PTB 口用于数据通信，PTC 口用于控制，具体连接如图 7-7 所示。

• USB 接口设计：MC68HC908JB8 片上集成的是 1.5MB 的低速 USB 模块。根据 USB 协议，需要在 D-上加一个 1.5kΩ 的上位电阻到 3.3V，其连接如图 7-8 所示。

（3）系统软件设计

系统软件设计分为 4 个部分，分别是 MC68HC908JB8 上的 USB 固件设计、指纹采集程序设计、计算机上的 USB 驱动设计和演示程序设计。

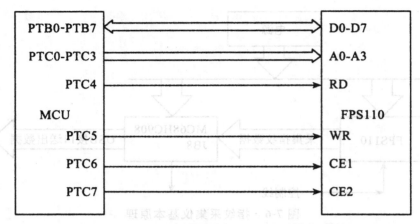

图 7-7　FPS110 和 MC68HC908JB8 接口连接

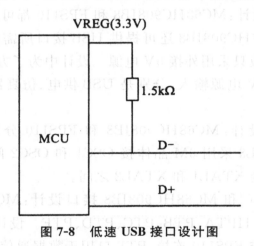

图 7-8　低速 USB 接口设计图

MC68HC908JB8 上的 USB 固件设计。单片机的开发环境选用 CodeWarriorstudio 集成开发软件，在线仿真和编程工具选用了 MON08MULTILINK。

MC68HC908JB8 片上集成了遵循 USB1.1 规范的低速 USB 模块，该模块有 3 个端点，端点 0 支持控制收发传输，端点 1 支持中断数据发送传输，端点 2 支持中断数据接收传输。对应的有 USB 控制寄存器，USB 中断寄存器，USB 数据寄存器，USB 状态寄存器。为了实现 MC68HC908JB8 和计算机之间的 USB 正常通信，必须在 MC68HC908JB8 中设计 USB 固件。如图 7-9 所示，

USB 固件主要包含控制传输和 USB 标准请求命令的处理、端点
数据读写处理和其他中断处理。

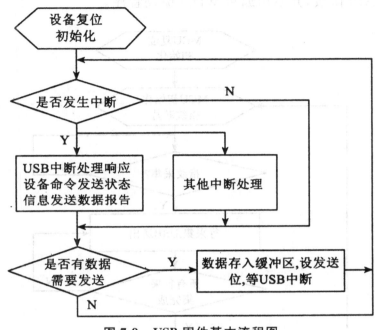

图 7-9 USB 固件基本流程图

（4）指纹采集程序设计

MC68HC908JB8 使用通用接口 PTB 和 PTC 与 FPS110 连
接，通过控制 FPS110 片内的行寄存器和列寄存器就能很方便地
完成整幅指纹或部分指纹的采集，指纹采集的基本流程如图 7-10
所示。

（5）WINDOWS 平台下的 USB 驱动程序设计

Windriver 是用于编写硬件驱动程序的一种工具软件，主要
用于 ISA 插卡、PCI 插卡和 USB 的驱动程序开发。Windriver 开
发驱动程序的优点主要在于不需要了解太多的操作系统和驱动
程序方面的知识，而且 Windriver 带有功能强大的向导 Driver
Wizard。能帮助开发者进行硬件诊断和自动生成代码，所以，
Windriver 能让电子工程师在短时间内针对自制硬件开发出易

用、兼容性好的驱动程序。采用 Windriver 来设计 USB 驱动程序,实际上只是在用户模式下调用了 Windriver 通用驱动程序提供的 API 函数,并不用编写 WDM 驱动程序。

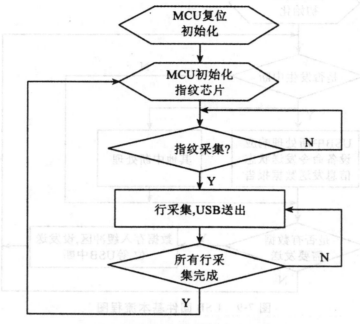

图 7-10 指纹采集基本流程图

(6)WINDOWS 平台下演示程序设计

计算机上的演示程序主要包含计算机 MC68HC908JB8 通信的简单控制、采集到的指纹图像的显示以及指纹图像的一些如细化、二值化等的简单处理。

7.3.2 指纹硬盘

1. 指纹硬盘简介

Intemet 新经济模式的飞速发展,对数据访问权限和交换及存储的安全性提出了更高的要求,传统的安全防范措施在日益复杂的环境下已显得捉襟见肘。当前迫在眉睫需要解决的问题是从根本上保证数据存储的安全性。指纹技术与移动硬盘结合,可解决海量信息安全问题,提高信息资源安全性。

指纹移动硬盘的使用范围极其广泛,针对电子资料的安全保护需求。商人可以用它保护商业机密、合同和重要客户档案等,军人可以用它来保护重要军事机密等,科研开发人员可用它保护自己的科研创新成果,等等。

2. 产品特点及应用技术

(1)产品特点

提供了生物识别功能,即活体指纹识别。资讯的存放更加安全,使用携带更加方便。利用计算机进行指纹识别处理,可以大幅度降低产品的硬件成本。提供了自动下载指纹应用程序的功能,将 USB 控制器硬件、指纹采集器、安全认证软件以及相关的应用程序整合在一起,完成指纹加密的功能。不需要在计算机系统(如个人电脑 PC 机)安装任何驱动程序或者识别软件,在各种操作系统上即插即用,支持热插拔并支持多语言操作系统。

在插入移动硬盘后,使用者不能发现可使用的空间,而只可见指纹认证程序,大容量的可使用存储空间被屏蔽隐藏。启动认证程序并进行身份确认之后,移动硬盘的大容量空间才能在计算机上出现,并进行安全存取。

为增强存放在硬盘存储空间里信息的安全性,在受保护的存储空间之前增加了硬件实时加解密引擎。当确认身份吻合后,控制器才将加密密钥写入硬件实时加解密引擎内。向硬盘存储空间写入数据时,加解密引擎将所写入的数据进行加密,然后存入硬盘之中;当从硬盘存储空间读出数据时,加解密引擎将硬盘里的数据进行解密还原,然后再输出。这些操作都是即时快速完成的,不影响用户的读写速度。即使取走了移动硬盘存储部分,也无法获得硬盘内数据的正确格式。

（2）应用技术

①采用电容硅晶芯片式感应器采集指纹，有效克服了指纹龟裂、割伤、过湿、模糊等造成的问题。

②采用高效率指纹比对技术（指纹比对 1：N），具有 5 枚指纹容量。

③采用 3D 活体特征点比对方式验证比对。

④采用芯片防污损功能，自动侦测芯片污损程度，去除前次残留影像。

⑤指纹识别误判率低，识别精确快速。

⑥芯片式感应器具备抗静电 ESD 20kV 的能力，适应干燥恶劣的环境。

⑦芯片表层经过特殊强化处理，可达到数万次抗磨损品质，如果每天用 10 次，几乎可使用 10 年，保持芯片对图像的采集能力不降低。

3. 内部结构及工作原理

指纹移动硬盘的结构如图 7-11 所示。

指纹移动硬盘的结构包括以下部分：

- 控制器 101；
- 硬件实时加解密引擎 102；
- 大容量存储接口扩充槽 103；
- 大容量存储硬盘 103A；
- 内存模块 104；
- 指纹感应器 105；
- 存储接口 110；
- 内存接口 111；
- 主机接口 112；
- 大容量存储硬盘 103A 通过大容量存储接口扩充槽 103 连接到硬件实时加解密引擎 102，然后通过存储接口 110，连接到控制器 101；

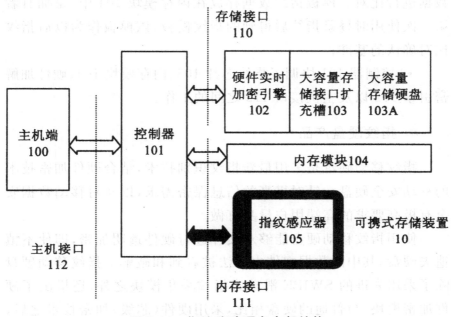

图 7-11　指纹移动硬盘内部结构

- 内存模块 104 通过内存接口 110 连接到控制器 101；
- 指纹感应器 105 通过排线连接到控制器 101；
- 指纹移动硬盘与主机之间的接口为通用序列总线接口，即 USB 接口，标准为 USB2.0；
- 公共区 104A：用来储存各种应用程序，该应用程序至少有一个包含了指纹应用程序；
- 保密区 104B：用来储存需要保护的数据；
- 隐藏区 104C：用来储存指纹数据、储存硬件加解密引擎金钥；
- 控制器 101 将密钥传输至硬件加解密引擎 102 中，然后终端主机 100 才能透过硬件实时加解密引擎，从保密块 104B 存取待保护资料，并实时进行加密/解密；同时原隐藏的大容量存储空间在终端主机上出现，并通过硬件实时加解密引擎来存取数据；
- 指纹传感器 106 由控制器 101 控制，以抓取实时的指纹数据。终端主机 100 将所抓取的实时指纹数据与先前的模板指纹数据进行比对。模板指纹数据存放在内存模块 104 中，是拥有者第一次使用时登录指纹后得到的指纹模板，该模板作为以后指纹比对确认的基准；

　　• 控制器 101 协调了指纹芯片 105、内存模块 104、硬件加解密引擎 102 以及主机接口 112 之间的工作。

4. 指纹硬盘产品

指纹移动硬盘是采用最新指纹识别技术，结合硬件加密技术的移动安全硬盘。针对极高的信息保密需求，以及对移动数据安全有极高要求的高端用户量身订做。

使用指纹移动硬盘能够对文件进行硬件透明加密，即使不慎遗失硬盘，其中的数据文件也无法被看到和破解。指纹移动硬盘除了采用先进的 SWIPE 滑动式指纹采集模块之外，还搭配了硬件加密模块，与普通的硬盘相比，采用硬件（芯级）加密技术之后，可以控制硬盘在认证之前和断电之后处于加锁不可见状态，从而大大提高了硬盘数据的安全性。还采用了双指认证、指纹与密钥关联存储安全日志、断电自动保护等先进技术，从多个方面综合考虑，立体保障数据的安全。

移动硬盘可以和指纹身份认证平台结合，为政府、军队等行业客户提供完整的从数据安全到网络安全的生物识别身份认证解决方案。

指纹移动硬盘主要技术如下：

①活体指纹识别：利用人体真皮组织的电特性，获取手指持续有效的特征值数据，有效提高安全性。

②动态优化算法：针对手指干湿程度自动调节信号强弱，保证最佳指纹图像采集效果。

③硬件加密技术：硬件加密技术可以实现实时透明加密，控制硬盘和数据的可见性，即使硬盘遗失，数据也是不可见的，扩大了安全概念的范围。

④硬盘断电自动保护技术：移动硬盘中的硬件加密模块可以

侦测硬盘当前的工作状态,一旦硬盘断电,或者 USB 断连,就会把硬盘自动置于加锁状态。

⑤指纹保护密钥:独有的指纹保护密钥机制,通过指纹与密钥绑定的方式,隐藏存储加密密钥。

⑥安全交接:安全交接使硬盘的管理权在不同用户间实现安全交接,确保重要数据的权限控制。

7.3.3 指纹 U 盘

1. 指纹 U 盘简介

指纹识别技术是最早的通过计算机实现的身份识别手段,它在今天也是应用最为广泛的生物特征识别技术。过去,它主要应用于刑侦系统。近年来,它逐渐走向市场更为广泛的民用市场。随着指纹识别技术的逐渐成熟,其在个人身份识别方面的优越性已经得到各方面的广泛认可,在结合了一系列数据加解密技术之后,很自然地就被应用到移动存储设备中,其典型代表就是指纹识别移动 U 盘。

指纹 U 盘采用了 USB 移动存储技术和指纹身份认证技术,因此既能够满足用户对移动存储设备上方便性、兼容性的需求,又能满足用户对数据保密性、数据存储安全等高层次的需求。

2. 指纹 U 盘内部结构

指纹 U 盘内部结构如图 7-12 所示。

指纹 U 盘的结构包括以下部分:

①控制器 01。控制器 01 的作用是协调指纹传感器、存储设备与终端系统的协调工作,实现安全有序地对信息进行处理。

②存储区 02。存储区 02 的作用是存储用户资料以及存储程序、指纹模档、其他重要工具或文件,如 PKI 等。存储区 02 包括了多个设备里的存储区,如控制器、PMC、闪存芯片里的存储区等。

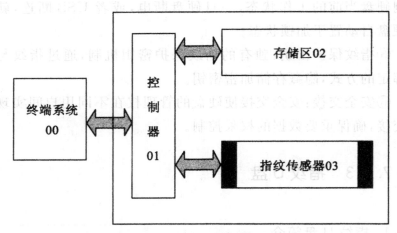

图 7-12　指纹 U 盘内部结构

③指纹传感器 03。指纹传感器 03 的作用是获取指纹信息，在工作阶段，手指放置到芯片上，通过整体晶元电路的扫描，获取手指真皮层与芯片间的电容值，并将此模拟电信号转变为数字信号，传送到控制芯片，然后通过有关设备进行处理。

3. 指纹 U 盘工作原理

指纹 U 盘插入终端系统，启动指纹认证程序后，通过控制器控制，打开指纹传感器，提取指纹信息，然后将指纹信息送入终端系统处理，如果是第一次登入 U 盘，那么 U 盘将指纹信息以特征点的方式存入存储区。在进行指纹验证的时候，终端系统处理将送入的指纹信息和已存储的指纹特征进行比对，然后返回信息，如果比对成功，则通过控制器控制，打开公共区，供用户使用。

另外，在进行指纹设定以后，将控制器与存储区良好地结合为一个整体。所以，不可能单独将闪存芯片移植到其他的移动盘电路板上，进行数据破解；也不可能将闪存芯片与其他同等控制芯片结合来破解。如同"A 闪存芯片＋A 控制芯片"为一有机整体一样。"A 闪存芯片＋B 控制芯片"将不是有机整体，即使授权用户，此时也不能进入 A 闪存芯片进行数据存取。

进入闪存盘，不仅需要对应的"闪存芯片＋控制芯片"，而且需要公司自有的"换页"技术,该技术需要使用者从芯片采集而来的活体指纹数据,通过比对验证处理,然后才能从移动盘屏蔽状态,切换进入公共空间。

如果安装了增值服务,文件经过了加密压缩,那么得到此文件正确格式,要经过正常的指纹认证,进入 U 盘。然后,将文件从该文件夹移出,进一步通过指纹验证,才可解密,得到正确的文件格式。如果将文件拷贝到其他空间进行破译,则需要拥有者的指纹验证,需要完整有机的"闪存芯片＋控制芯片",需要公司自有的混码技术。压缩加密技术采用了边压缩边加密的技术,破解难度甚高。

4. 指纹 U 盘的主要功能

指纹 U 盘具有下列主要功能:

①U 盘开启:只有通过指纹确认 U 盘才可以打开,否则 U 盘无法使用。

②文件保护功能:通过指纹认证的用户可以通过指纹对电脑及各种移动存储设备内的文件进行加密保护。

③网页自动登录:指纹 U 盘以"指纹"存取网络账号密码,无须记忆,也无须担心密码遭到破解或盗用。任何计算机轻松输入各种网络账号密码,安全又方便。用指纹托管你需要记忆的烦琐密码及账号。

④随身带:指纹 U 盘可记忆冗长的网址,随身携带个人"收藏夹",无论在任何计算机上使用 IE,都可以自动切换成随身"收藏夹",通过"随身收藏夹"直接进入网站,省去记忆、输入、搜索的时间。

⑤指纹管理:用户可以增加指纹注册数量,或者更改或删除已注册的指纹,对指纹库进行管理,可注册多枚指纹或供多人使用(可存储 10 枚指纹)。

⑥指纹有效时间设定:指纹 U 盘能让你依照个人需求设定防护有效时间的长短,在有效时间内无须在应用各种功能时反复进

行指纹认证，时限结束或拔除 U 盘将自动取消该设定。

⑦轻巧便携。

⑧低功耗。

5. 指纹 U 盘的应用领域

①党政机关涉密信息移动存储。

②机密数据文件安全加密设备。

③网络指纹认证终端。

④各类信息系统指纹认证终端等。

6. 指纹 U 盘产品

天工指纹保密 U 盘是专门为对安全保密有极高要求的行业研究开发的产品。采用滑盖式设计，专门为保护指纹传感器设计了一个可以滑动的保护盖，使指纹芯片得到有效保护。除了巧妙的设计之外，还采用了活体指纹识别、设备 PID 标识管理、指纹绑定密钥、高强度加密机制等安全技术。在功能方面，主要有指纹保护 U 盘、指纹保护文件、文件粉碎、安全交接和指纹管理等功能。适合党、政、军各级机关进行涉密信息安全存储、重要文件资料加密存储以及涉密移动存储介质监管。

(1)天工指纹 U 盘采用的安全技术

①采用活体指纹识别安全模块，利用人体真皮组织的电特性，获取手指持续有效的特征值数据，有效提高安全性。

②独创指纹安全密钥绑定技术，独有的指纹保护密钥机制，通过指纹与密钥绑定的方式，隐藏存储加密密钥。

③内嵌唯一保密标识，实现安全监管芯片内置唯一设备 PID 编号，密级标识与信息主体不可分离，方便安全监管。

④采用硬件加密技术，可对数据进行实时加解密，有效控制数据的可见范围。

⑤采用 128 位加密密钥进行文件加密，具备极高的安全强度。

⑥通过反跟踪、反编译处理,能有效防范和降低系统的破解风险,提升安全等级性。

(2)天工指纹 U 盘的基本功能

①指纹管理:通过创建、修改、删除指纹库,可实现多人同时使用。

②指纹锁盘:只有指纹认证通过后才能打开安全存储空间。

③文件保护:用"指纹＋密钥"方式加密所需保护的文件。

④文件粉碎:彻底删除涉密文件,不留任何痕迹。

⑤安全交接:新老用户移交设备时需同时进行指纹认证。

⑥信息备份:通过指纹认证后备份系统密钥、指纹等信息。

⑦日志审计:对使用过程进行记录和追踪,可进行稽核审计。

⑧断联保护:使用设备时对网络进行自动断联保护(可选)。

7.3.4　指纹鼠标

1. 指纹鼠标原理

应用生物测量学原理,充分利用人的指纹没有重复的特点,可以制成指纹鼠标。使用该鼠标时,用户只需将手指放在鼠标上方的指纹感应器上,感应器将自动读取指纹并与电脑中事先存储的指纹样本进行核对。如果核对成功,用户就可以使用电脑。如果核对失败,电脑将拒绝其进入操作系统。

2. 指纹鼠标产品

(1)常见的滑动指纹鼠标

滑动式指纹鼠标主要根据个人电脑保护和网络指纹身份认证来设计。利用人体生物特征进行身份识别,便于携带和不会遗失,安全性也高。

目前全球最小的 AES1610 指纹传感器的接触面积不及 6.5mm×0.4mm,具有体积小、无残留指印等优点。提供了文件/文件夹加解密、电脑保护、密码托管等功能，能够很好地起到保护电脑安全和数据安全的作用。采用了活体指纹识别技术、指纹保护/绑定密钥、动态优化算法等，确保认证的高效和数据的安全。

其基本功能如下：

①电脑保护：通过指纹控制电脑登录，无须记忆复杂的密码，并能保证系统安全。

②文件保护：通过指纹对文件进行加密设定，保护机密资料和个人文件安全。

③密码托管：通过指纹关联各种账号/密码，轻松登录邮箱和企业内部网络。

④指纹管理：通过创建、修改、删除指纹库，可实现多人同时使用指纹产品。

⑤认证终端：可以通过二次开发将产品作为系统的指纹认证终端。

（2）常见的光学指纹鼠标

指纹鼠标面对高端市场，主要为各类信息系统和网络指纹身份认证设计。采用的光学指纹采集芯片，具有操作简单、采集速度快、精确度高、稳定性好的特点，非常适合大型行业用户使用。

提供了文件加解密、电脑保护、密码托管、文件夹加密等功能，能够很好地起到保护电脑安全和数据安全的作用。还有效采用了成熟的活体指纹识别技术（利用人体真皮组织的电特性，获取手指指纹特征值数据）、指纹保护/绑定密钥、动态优化算法（针对手指的不同干湿程度，对采集到的指纹图像进行优化，可以提高指纹图像质量和指纹采集速度）等，确保认证的高效和数据的安全。

其基本功能如下：

①电脑保护：可以通过指纹控制电脑登录，不需记忆复杂的密码而确保系统安全。

②文件保护：通过指纹对文件进行加密设定，保护机密资料和个人文件安全。

③密码托管：可通过指纹关联各种账号/密码，轻松登录邮箱和企业内部网络。

④认证终端：可作为企业管理信息系统（财务/ERP/CRM/OA）指纹身份认证终端。

7.3.5 指纹手机

1. 指纹手机原理

在手机上加装金属片状的指纹感应器，做手机的保密系统开启键。该感应器细小如 SIM 卡，有 6.5 万个微型感应器，侦察指纹速度达 0.01mm/s，功能包括扫描、储存、分析、确认指纹样本四道工序。

机主须预先记录自己的指纹，然后在致电前，将手指放上金属片作身份确认，即可成功拨出电话。即使电话被盗，由于指纹感应器内没有记录新用家的指纹资料，所以手机亦无法启动。

2. 指纹识别系统应用于智能手机设计

（1）设计原因

由于智能手机中往往保存了一些个人的商务重要资料，或者隐私资料。为防止不法之徒盗用手机、资料，甚至利用手机冒充机主发给他人错误信息，致使机主或相关人员利益遭到破坏，有必要在智能手机上设置某种确认身份的机制，而加入指纹识别系统正是迎合了这种需求。

（2）设计概述

考虑在一个现有的智能手机嵌入式系统上添加一个指纹识别的模块。采用的芯片为 Renesas M30626FHPFP，该模块安装在手机内，通过比对数据库中的指纹确认机主的身份，并给操作系统发送身份确认信号。操作系统允许该用户在权限范围内使用该手机功能，并且在指纹遭到破坏的情况下，又设计允许使用密码开锁，重新录入指纹。

（3）硬件设计

指纹验证模块是通过采集用户指纹来验证用户的身份，并判断用户的权限。模块分为指纹采集单元和指纹处理单元两部分。其中指纹采集使用的是光学采集仪，处理部分使用高性能的嵌入式处理器（Renesas M30626FHPFP）。当采集到数据后利用高性能处理器可以马上得出指纹数据的各种特征，然后立即给出比对，系统立即做出相应的反应。

3. 指纹手机产品

内置了指纹生物感应识别器，采用 124×8 的指纹感应阵列，指纹输入速度最高达 48cm/s 左右，快速、精确地识别指纹纹路。手机用户可以轻松实现指纹加密功能，可以锁定开机、电话簿、信息、通话记录、我的文档、U 盘、记事本等。而为使安全保密性更加强大，在拨号、接听以及开启键盘锁时都可以设置指纹加密，有效地避免了手机被其他人擅自接听或使用。

7.4 加速指纹查找的检索分类技术

若在我国的公民指纹数据库中进行一次查询，由于数据库庞大，完成一次检索的时间会很久。在实际的应用系统中，我们不仅要关注系统的识别准确率，还需要注重系统的识别速度。通过提高硬件性能或增加并行数量可以在一定程度上加速指纹匹配，当然也会增加系统整体的费用。

在实际的应用系统中，通常需要采用一些加速匹配的策略。最直接且有效的策略是根据注册用户的人口统计学信息将数据库划分成多个子数据库，如按性别、地域、年龄等划分。美国 FBI 的 IAFIS 系统的检索策略就是优先检索本地的指纹数据库，当在本地数据库中没有找到有效的输出时，再提交到联邦数据库中进行检索。

除了应用这些人口统计学信息对数据库进行划分以外,还可以应用指纹本身的特征进行分类。前面已经提到,指纹可以分为左旋、右旋、拱型、尖拱型、螺旋等类型。在指纹检索过程中,如果两幅指纹属于不同的类型,则肯定不会来自同一个手指,因此无须进一步进行匹配,从而加速指纹的搜索。

然而,应用指纹类型进行检索也有一定的局限性。首先是指纹类型数量较少,对数据库的划分不够充分,子数据库依然可能庞大;其次是指纹类型的分布极不均匀,大部分指纹属于左旋、右旋以及螺旋这三种类型,占总数的 90% 以上。这些局限性造成检索速度的提高量有限。

更为有效的一种做法是利用指纹细节点特征进行检索。例如,指纹检索技术中著名的细节点三角结构特征。细节点三角结构特征最早由 Robert S. Germain 于 1997 年提出,用于指纹的快速检索。后来研究者对此算法进行了不断的改进,得到不同版本的基于细节点三角结构检索算法。但是它们的基本原理非常相似,也很简单,构造过程大致如下。

首先,对于给定的指纹细节点特征,检查任意的 3 个细节点组成的三角形,如果该三角形满足一些简单的基本条件,则保留该三角形用于检索。三角形需要满足的条件包括任意一条边的距离在一个给定的范围,同时三角形的内角也要满足一定条件等。通常,满足条件的三角形数量要比细节点本身的个数大得多。这也是为了后续进行累计投票的需要而设计的。

其次,得到符合条件的三角形后,下一步就是由细节点三角形构造出一串检索码,使得相似的细节点三角形能够编码成同一个检索码。编码方法使用简单的特征量化编码方法。所使用的特征包括三角形边长、三角形内角、细节点方向与边长夹角等。

最后,计算查询指纹细节点三角形检索码与数据库中已注册指纹的细节点三角形检索码碰撞情况,获得碰撞数量最多的那些背景数据库指纹将被检索出来。所谓碰撞,就是不同的细节点三角形具有相同的检索码。很显然，真匹配中两幅指纹图像的细节点三角形碰撞概率要比假匹配大得多。

在进行检索的过程中，并不需要逐个计算查询指纹与背景数据库中所有指纹的碰撞，而是通过一个检索表的方式来累计。如图 7-13 所示，检索表中的每一项都是唯一的，且对应一个检索码。在建立数据库索引表时，每得到一个指纹图像的细节点三角结构的检索码，就将该三角形对应的指纹 ID（即 F_i、F_j 和 F_k 等）加入该检索码对应的链表中。这样在累计碰撞时，每得到一个查询指纹的细节点三角形检索码，只需在检索表中对具有相同检索码的指纹 ID 进行累计即可，因此能够大大加速指纹的搜索过程。

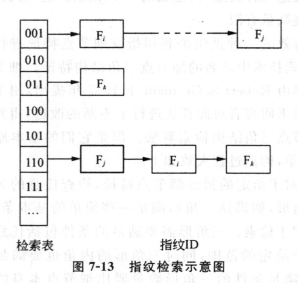

图 7-13　指纹检索示意图

如今，由于软件和硬件技术的发展，使得指纹识别系统已经能够以极快的速度进行检索和匹配。例如，德国最大的生物特征识别技术和设备制造商 GmbH 公司创造了一项指纹识别速度的新世界纪录。由该公司开发的"DERMALOG"新一代指纹识别系统能够在 1s 内对 10 指指纹完成 1290 万次的匹配。这是一项非常惊人的成果，如此快速的指纹匹配速度使得构建大型指纹识别应用系统成为可能。

7.5　指纹识别技术的应用

7.5.1　指纹身份识别技术在烟草行业中的应用

随着计算机网络的发展和各大应用系统的逐渐建设与完善，烟草行业信息化整体发展已经与自身的信息化、数字化密不可分，因此对整个网络的安全防护以及对网络中传输数据的保护已经迫在眉睫，急需建立一套基础安全防护体系。

1. 应用需求

目前大部分烟草企业的管理信息系统对用户身份认证和访问权限控制均采用"用户 ID＋密码"的方式进行，这样就会出现以下问题：

①用户忘记密码，无法实现业务操作和管理的目的；

②容易被单位外人员盗用，造成使用单位的经济损失；

③容易被单位内部人员盗用，给单位本身带来经济损失；

④使用的身份识别设备具有随意性（无硬件验证），容易造成管理上的混乱。

在信息安全体系中，身份认证是一个非常关键的环节，也是信息安全策略和体系的前提保障。有研究数据表明，信息安全面临的主要威胁不是来自外部攻击，85％的安全漏洞其实来自企业和组织内部。密码身份认证所存在的安全缺陷和非人性化且记忆不方便是重要的原因。随着现在网络应用的大规模普及，烟草业务系统（财务/资金结算/供应链/营销管理/决策支持等）的不断增加，用户需要记忆的密码越来越多，也越来越复杂。烟草信息化面临身份安全的问题，以及由此带来的商业秘密泄露风险。

如何通过技术手段保证用户的真实身份与虚拟数字身份相对应呢？在真实世界中，验证一个人的身份主要通过以下 3 种方式：

①根据你所知道的信息来证明身份，如密码、Pin 码；

②根据你所拥有的物品来证明身份，如 USB-Key、动态密码卡和智能卡等；

③直接根据人类独一无二、不可复制的生物特征来证明身份，如指纹识别、虹膜识别等。

生物识别已经成为安全便捷的身份认证的最佳选择，而指纹技术历经多年的技术和应用发展，无论是从技术成熟度、应用普及性还是价格竞争力等方面综合比较，指纹识别技术都是当前生物识别领域最为主流的技术。

2. 方案建设原则

通过 TRUSTLINK 指纹身份认证平台，采用最安全便捷的基于指纹的身份认证解决方案，可以安全访问关键的业务系统和需要受保护的应用程序，从而代替传统的用户加密码的接入认证方式和传统的 SDK 的开发模式的应用。

基于指纹的身份认证增强了安全策略，记录系统所有与登录有关的事件，通过集中的安全策略保证了登录的安全。

为了实现系统建设目标，我们为烟草行业指纹认证平台系统项目确定的总体设计原则见表 7-1。

表 7-1　系统项目总体设计原则

原则	描述
先进性	作为全球首屈一指的网络指纹整合平台，提供先进、可靠、快捷的指纹认证服务，让用户真正体会到"我就是密码"的最尖端的身份认证技术
实用性	在系统设计过程中须考虑易于操作、易于使用等问题
开放性	开放性整合平台的特色，可结合各种不同的生物辨识技术及身份辨识工具，在不同网络架构下使用各种程序语言整合，并支持多种数据库

续表

原则	描述
稳定性	主机系统采用高可用性技术,保证系统能长期稳定地不间断运行,采用成熟、稳定、先进的操作系统、数据库、网络协议、中间件等软件平台,保证系统的稳定性
安全性	对于烟草企业的业务系统而言,安全性至关重要。在设计上具备层层把关的安全机制,例如,资料交换保密、生物特征防盗、传输时间戳记、储存使用记录等,将指纹从输入、传送、比对到储存等任何阶段,均配置最完整严密的安全程序
可扩展性	系统建设不仅要着眼于现在,而且要放眼未来,因此,指纹认证系统建设不仅要满足现在的要求,而且要具有向未来技术平滑过渡的能力。即该系统的建立一定要具备良好的可扩展性,当信息量上升、网络规模扩大时,可方便地将服务器及其他设备进行升级,满足日益增长的业务需求
可恢复性	确保在网络或系统出现问题时能及时、快速地恢复系统的正常运行,保证系统的可恢复性,提高网络系统的抗干扰能力
可管理性	网络的使用及管理以简便、易于操作、方便实用为准则,利用 TrustLink 先进的平台集中管理功能,降低系统的管理、维护成本,提高系统的可管理性

3. 方案特点

①提供真正意义上的安全身份认证平台,用户能够实现真正安全、便捷的身份管理。

②提供完善的用户指纹管理功能,解决指纹身份认证开发、应用过程中的各种问题。

③提供基于 Internet/Intranet 集成技术,从而降低系统的维护成本,提高实用效果。

④提供不同版本不同开发环境的应用开发功能组件,供用户根据自己的实际需要选择使用,以丰富其应用开发手段。

当前中国烟草行业正处于一个剧烈变革的时期,这期间将会涌现一批大型的集团公司,这些成长型的集团公司的特点是发展速度快,组织结构与业务流程变化快,因此对信息化的要求也就相对较高。指纹身份认证解决方案能够很好地解决烟草行业信息安全和身份管理的诸多问题,成为各类烟草企业最佳的身份安全平台解决方案。

7.5.2　指纹在网上报税中的应用

1. 方案背景

作为国家重要机关的税务部门采用先进的计算机与网络技术,将日常办公、纳税申报等各项工作逐渐在网络上展开,将直接优化工作程序,大大提高工作效率。

由于网上纳税申报涉及资金、税种、额度等重要信息,因此,它对安全性具有内在的严格要求。但是作为基于 Internet 的应用,网上纳税申报不可避免地面临由于虚拟、匿名、公开、明文等互联网特性而带来的 Web 安全问题,如伪用户、篡改、抵赖等,任何人都可以截获并任意篡改转发到税务系统。这样往往导致纳税人的申报数据和实际填写的数据不相符,同时引起纳税人和税务部门的各种法律纠纷。为了防止纳税人申报数据被篡改,维护纳税人和税务部门的利益,有必要在纳税人和税务部门之间构建起可靠的网络信任机制和信息安全屏障。

随着我国《电子签名法》的实施,指纹生物特征识别、数字签名和手写签名效力达到了等同的地位,为保护包括网上纳税申报在内的各项电子政务活动的健康发展提供了有效手段。通过指纹识别技术能够实现网上纳税申报的身份安全性和责任追溯,并且从法律角度捍卫纳税人基于用户真实身份的切身利益,以及税务机关的电子票据管理和税务举证。

2. 网上报税安全现状

95％以上采用浏览器/服务器的方式（B/S结构）来实现。由税务机关建立专门的申报网站,报税户首先接入互联网,然后通过浏览器进入网站,通过某种方式的身份验证后就可以进行报税数据的填写、查询、修改、提交等操作。

网上报税系统的安全主要涉及两个环节:身份认证和数据加密。

①身份认证。是指系统对使用者的真实身份进行识别,防止非法用户进入系统进行恶意操作。是整个系统安全的首要环节。但根据调查,这同时也是目前整个网上报税系统的薄弱环节,主要方式及问题见表 7-2。

表 7-2　主要方式及问题

认证方式	说明	问题
用户名＋密码	采用普通的输入用户名＋密码的方式	1. 需要记忆和定期更换,容易产生忘记携带、丢失现象。 2. 安全性太差,非常容易被破解。 3. 经常出现多人共用的现象,造成责任不清。 4. 被公认为最不安全的认证方式。
数字证书	通过向第三方的机构取得合法的能代表用户身份的数字证书	1. 仍需通过密码方式来启用,产生记忆和更换麻烦。 2. 仍然会出现多人共用现象。 3. 需要介质来存储证书,易产生忘记携带、丢失等现象。 4. 每年需向认证中心支付费用。
硬件介质＋密码	通过将用户信息保存在如 U 盘、IC 卡、软盘等硬件上来防止用户信息被窃取	1. 大部分需要通过密码方式来启用,必须记忆、更换,易产生忘记携带、丢失等问题。 2. 不能避免多人共用现象。 3. 硬件介质会产生忘记携带、丢失等现象。

②数据加密。用以防止数据在存储和传输过程中被恶意窃取及修改,以保证数据的机密性、完整性、不可抵赖性。是整个系统安全的第二个环节,目前比较成熟的技术有 CA/PKI 等,数据加密只有在保证身份认证有效性的前提下才有意义。

由于网上报税在身份认证方面的种种缺陷，一系列问题已经开始显现，见表 7-3。

表 7-3 　一系列问题及主要原因

问题	主要原因
企业无法核实内部实际报税人员的真实身份，当发生有关职责纠纷时无法取得有效依据	报税企业多人共用一个账号及密码
无法进入系统	操作人员遗忘、丢失密码或遗失存储介质
企业报税数据被恶意修改，但无法确认真实原因	因内部人员无意泄露或有意透露导致启用密码被他人知晓而进行破坏。由于密码与个人真实身份并非一对一，因此不易对内部人员的职责进行考核

这些问题的发生已经严重影响到税务工作的开展，许多企业已经意识到问题的严重性，因此，非常有必要采取措施予以解决，其中非常有效的技术就是指纹识别。

3. 方案实现

网上报税系统身份认证指纹解决方案：只需简单安装配置并修改少量程序代码，就可以将 TrustLink 产品与网上报税系统无缝结合起来，从而用安全级别极高的指纹识别方式取代原有的用户名＋密码、数字证书、硬件介质方式，从根本上堵住整个系统中身份认证的漏洞，同时配合后续的数据加密功能，形成一个完善的网上报税系统安全体系。

4. 实现步骤

①在税务局服务器安装 TrustLink 服务端软件包。

②在税务局 Web 服务器安装 TrustLink Web Agent 软件。

③在每个报税单位安装一套 TrustLink 客户端软件，同时配备一个指纹终端。

④简单修改添加 Web 端程序代码，将 TrustLink 产品整合到报税系统中，从而将原来的身份认证方式替换成指纹认证方式。

7.6　指纹识别的挑战和机遇

　　虽然指纹应用源远流长,但是指纹识别技术的发展并不是一帆风顺,直到今天,指纹识别依然面临着诸多的问题和挑战。这些挑战性的问题当中,有些是指纹本身存在的缺陷,有些是所有生物特征识别共同面临的挑战,还有一些则是因为人的主观因素造成的困扰。

　　指纹识别在研究和应用中遇到的各种困难,不仅阻碍了指纹识别技术的发展,也限制了指纹进一步的推广应用。对于一个安全的指纹识别认证系统,在实际应用中必须要确保以下几点。

　　首先,必须保证指纹数据的活体性。这是确保指纹识别相对于其他非生物特征认证方式优越性的主要手段。其实,这也是生物特征识别技术认证所必须确保的一件事情。因为生物特征识别的主要优势在于与个体的物理身份天然地绑定在一起,从而防止身份冒用和被盗。如果不能保证指纹(或其他生物特征)的活体性,那么指纹(或其他生物特征)的这一优势就不再存在。

　　其次,必须确保指纹模板数据的安全性。上一节介绍过,从指纹模板数据中可以非常精确地恢复指纹图像。黑客得到指纹图像后,可以从事各种对用户安全和隐私不利的活动。目前,确保指纹存储数据的安全性还主要是基于物理硬件保护和服务器的安全管理策略。例如,美国苹果公司生产的 iPhone 5s 手机的 iTouch 指纹识别功能考虑到安全因素,并没有为第三方开放编程接口,通过硬件方式保护指纹模板信息。目前还只有苹果公司自己的应用程序才能使用这一功能。

　　最后,必须确保指纹数据的传输安全。在一个分布式指纹识别系统中,数据采集终端、特征提取器、匹配器、数据存储服务器等分布在网络的不同位置。不同模块之间需要进行数据的传输。此时,如何确保传输数据的安全是分布式指纹识别系统需要解决的一个重点问题。

以上 3 个指纹识别的安全问题中，前两个还没有一个可靠的解决方案，而第 3 个问题可以依靠现代密码学技术来确保数据的安全保密传输。

活体指纹检测技术的核心问题是如何确保所采集的指纹图像是从活体手指上采集的，而不是来自手指模型。活体指纹检测主要依赖两类技术，一类是根据人的生理特性，在硬件层面对手指的活体性进行检测。例如，根据手指的温度、心跳速率、湿度、电器特性（电阻、电容）等特点。通常，检测这些特征的硬件要求较高，因此设备较为昂贵，还不能普及使用。另一类是通过软件方式对采集的指纹图像进行检查，识别出活体指纹图像或非活体指纹图像。这一类技术的优点是只需要对已采集的图片进行判断，无须额外的系统模块支持，因此实现起来廉价、方便。但是，通过软件和模式识别方式进行活体指纹检测也有一定的缺陷，例如，不同的采集仪所采集的图像差别很大，目前还没有能够适应所有采集仪的活体指纹检测算法。活体指纹检测目前依然是指纹识别领域里研究非常活跃的方向之一。

对于指纹模板数据的安全存储，目前已经提出的解决方案是生物特征加密技术。生物特征加密是生物特征识别技术与密码学技术结合的交叉学科，旨在解决两方面的难点问题。一方面是上面提到的指纹模板的安全存储，另一方面是解决密码系统中密钥的安全管理。所谓加密域匹配技术，是从原始的生物特征中提取一种安全的模板，该模板满足三点基本要求：泄露极少的原始生物特征信息，存储该模板不会存在模板被攻击的安全隐患，该模板也称作加密的模板或安全模板；验证阶段能利用查询生物特征的明文模板与注册阶段所得到的加密模板进行匹配，以确认查询用户的真实身份；不同系统注册得到的加密模板互不相关，这保证了生物特征的可撤销性。生物特征加密技术的核心是加密模板生成和加密域匹配。加密域匹配能够有效保护生物特征模板的安全，实现模板的安全存储、撤销与重新发布。这些特点极大地扩大了生物特征技术的应用范围,使得在分布式网络环境中实现生物特征的远程认证成为可能,从而为生物特征认证技术在电子商务、电子政务等安全领域中的应用打下基础。

指纹加密是生物特征加密技术的一个具体应用,但是指纹加密也有它的特殊性。主要原因是指纹特征的表达比较特殊,是由一个点集合表示,与其他生物特征的向量表达不同(如虹膜),这种特殊性造成指纹安全模板生成和加密域匹配的方式都不同。

目前还没有一种完美的生物特征,能够适应各种不同的应用场景。指纹虽然能够做到较好的折中,但是同样存在无法应用的场合。指纹识别技术不适用人群数偏高,这些人可以大致分为两类,一类是由于双手残疾或皮肤发生病变、无法提供指纹图像而永久地丧失了使用指纹识别系统的能力,另一类是由于自身所处的环境或身体条件而暂时无法使用指纹识别系统。例如,煤矿工人由于工作原因手指经常比较脏,采集不到有效的指纹信息,无法使用指纹进行身份认证。若要求工人每次下矿前都要先洗手又大大降低了系统便捷性,因此指纹识别对于他们来说并不是最佳的选择。

第8章 其他生物特征识别技术

生物特征识别(Biometric Recognition 或 Biometric Authentication)技术主要是指通过人类的生物特征对其进行身份识别与认证的一种技术。这里的生物特征通常具有唯一性(与他人不同)、可以测量或可以自动识别和验证、遗传性或终身不变性等特点。目前比较成熟并已大规模使用的方式主要为指纹、虹膜、脸、语音识别等。此外,近年来,耳、掌纹、手掌静脉、脑电波识别、唾液提取DNA 等研究也有所突破,有望进入商用阶段。

8.1　虹膜识别技术

8.1.1　虹膜识别技术简介

1. 虹膜简介

人眼睛的外观由巩膜、虹膜、瞳孔三部分构成。巩膜即眼球外围的白色部分,约占总面积的 30%;眼睛中心为瞳孔部分,约占5%;虹膜位于巩膜和瞳孔之间,包含了最丰富的纹理信息,占据65%,如图 8-1 所示。从外观上看,虹膜由许多腺窝、皱褶、色素斑等构成,是人体中最独特的结构之一。虹膜的形成由遗传基因决定,人体基因表达决定了虹膜的形态、生理、颜色和总的外观。人发育到 8 个月左右,虹膜就基本上发育到了足够大尺寸,进入了相对稳定的时期。除非极少见的反常状况、身体或精神上大的创伤才可能造成虹膜外观上的改变,虹膜形貌可以保持数十年不变。另外,虹膜是外部可见的,但同时又属于内部组织,位于角膜后面。要人为改变虹膜外观,需要非常精细的外科手术,而且需冒着视力损伤的风险。虹膜的高度独特性、稳定性及不可更改的特点,是虹膜可用作身份鉴别的物质基础。

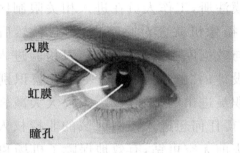

图 8-1　虹膜的位置

虹膜由前向后分为 5 层:

①内皮细胞层:与角膜内皮细胞相连,也有人认为此层并不存在。

②前界膜:由间质变致密而成,含有多数色素细胞,无血管,在虹膜小窝处无内皮细胞和前界膜,虹膜血管壁可与前房接触。

③基质层:由疏松结缔组织构成,内含丰富的血管、神经,还有色素细胞和瞳孔括约肌。瞳孔括约肌为平滑肌,位于基质后部,靠近瞳孔缘。

④后界膜:由一薄层平滑肌纤维构成,称瞳孔开大肌。其外侧和睫状肌相连,内侧和瞳孔括约肌相连。

⑤后上皮层:由睫状体上皮层延续而来,共两层,均含有黑色素。前层为扁平梭形细胞,后层为多边形或立方形细胞。

2. 虹膜识别技术的发展现状

到目前为止,虹膜识别技术是各种生物识别方式中准确率最高的。在刑事侦查、反恐怖犯罪方面,虹膜识别技术能帮助调查人员从特定人群中快速、准确地查找出犯罪分子。虹膜识别技术的商业运用尚处于起步阶段，但已被广泛应用于安全检查、银行、重要部门门禁等方面，并取得了很好的效果。

在国外，虹膜识别技术目前被用于一些监狱、机场，也被用来控制自动取款机的账户入口。从 2003 年 4 月中旬开始，美国北卡罗来纳州的夏洛特·道格拉斯机场对工作人员和航空公司乘务员进行了虹膜注册，工作人员在进入相关限制区域前只要对着摄像机看一眼，摄像机就会对眼睛进行扫描，然后将扫描图像转换成数字信息与数据库中的资料核对，以检验进入者的身份。由美国邮票公司设计的"虹膜通行证"使用虹膜识别技术来管理航空公司和机场职员进出的限制区域，不仅大大减轻了人员的身份检验工作，还使得任何想进入控制区域的非授权人员或者犯罪分子在虹膜摄像头前无空可钻，有效地保障了机场和乘客的安全。

我国的虹膜识别技术产品和市场也正在逐步开拓之中。目前虹膜识别技术的实际应用还受到很多限制，首先，虹膜资料库还未开始大范围建立，因此，大大限制了虹膜识别技术的应用；在识别方式上，对虹膜进行主动识别占有绝对主导地位，即识别虹膜素材时需要专用的采集设备，而对于利用现有照片进行虹膜识别这一课题研究和应用才刚刚起步，因为进行虹膜识别时对素材照片的质量要求很高，否则虹膜的细节特征就很可能显示不出来，而这些细小特征正是识别的基础。但通过照片进行虹膜识别，在刑事侦查等领域具有广泛的应用前景，因为很多情况下无法采集到需要识别对象的虹膜资料，这时就可以通过现有照片来进行识别。目前各国的研究人员正试图攻克这一难题。

随着大规模身份识别系统应用的增加和成像成本的持续下滑，这几年虹膜识别市场已经进入了高速发展期，每年的增长速度都超过 50%。

3. 虹膜识别技术与其他生物识别技术的对比

依据虹膜特有的生理特征而形成的虹膜识别技术，具有其他生物识别特征所无法取代的优势。

①唯一性:自然界不可能出现完全相同的两个虹膜,即使是双胞胎或是同一人的左右眼虹膜图像也不相同。

②稳定性:虹膜在人出生 8 个月后就已经稳定成型、终身不变。

③非接触式采集:虹膜是外部可见的内部器官,用户可以在不与采集设备接触的情况下成像。虽然指纹是比较流行的生物识别方式,但是虹膜的发展前景明显比指纹光明。

虹膜识别技术与其他生物识别技术的对比见表 8-1。

表 8-1　虹膜识别技术与其他生物识别技术对比表

生物识别技术	误识率	拒识率	影响识别的因素	稳定性	安全性
虹膜识别	1:120 万	0.1%～0.2%	虹膜识别时摄像机镜头的调整	非常稳定,只需注册一次	使用者选择注册
指纹识别	1:10 万	2.0%～3.0%	干燥、脏污、伤痕、油渍等	因为影响因素改变,需要经常注册	使用者选择注册
掌纹识别	1:1 万	约等于 10%	受伤、年龄、药物等	因为影响因素改变,需要经常注册	使用者选择注册
面像识别	1:100	10%～20%	灯光、年龄、眼镜、头脸上的遮盖物等	因为影响因素改变,需要经常注册	在一定距离内,无须使用者同意的情况下被注册

4. 虹膜识别技术特点

①图像采集方便:综合集成光机电技术和智能人机交互技术,快速采集纹理清晰的虹膜图像。第一步是通过一个距离眼睛 3 英寸的精密相机来确定虹膜的位置。当相机对准眼睛后,算法

逐渐将焦距对准虹膜左右两侧，确定虹膜的外沿，这种水平方法受到了眼睑的阻碍。算法同时将焦距对准虹膜的内沿（即瞳孔）并排除眼液和细微组织的影响。

②识别精度高：即使在用户戴眼镜、图像模糊、光照变化或者噪声影响的情况下也可以准确鉴别用户身份。由于虹膜代码（Iris Code）是通过复杂的运算获得的，并能提供数量较多的特征点，所以虹膜识别技术是精确度最高的生物识别技术，例如两个不同的虹膜信息有 75% 匹配信息的可能性是 1∶106，两个不同虹膜信息的等错率是 1∶1200000，两个不同的虹膜产生相同虹膜代码的可能性是 1∶1052。

③运行速度快：可同时实现四路虹膜图像信号的实时识别。整个过程其实是十分简单的，虹膜的定位可在 1s 之内完成，产生虹膜代码的时间也仅需 1s。数据库的检索时间也相当快，就是在有成千上万个虹膜信息数据库中进行检索，所用时间也不多。

④防伪能力强：利用活体虹膜的生理特性和光学特性实现真假虹膜判别。

⑤成本低：系统所用的光电器件已经全部实现大规模生产。

⑥便于二次开发：可以根据用户需求提供接口。

5. 虹膜识别的主要应用领域及市场效益

①高端门禁：国家机关、企事业单位、科研机构、高档住宅楼、银行金库、保险柜、枪械库、档案库、核电站、机场、军事基地、保密部门、计算机房等的出入控制。

②公安刑侦：流动人口管理、出入境管理、身份证管理、驾驶执照管理、嫌疑犯排查、抓逃、寻找失踪儿童、司法证据等。

③医疗社保：献血人员身份确认、社会福利领取人员、劳保人员身份确认等。

④网络安全：电子商务、网络访问、计算机登录等。

⑤其他应用：考勤及考试人员身份确认、信息安全等。

随着大规模身份识别系统应用的激增和成像成本的持续下

滑,这几年虹膜识别市场已经进入了高速发展期,每年的增长速度都会超过 50%,预计未来几年国内的虹膜识别产品会有很大的市场规模。和国外产品相比,具有技术好、集成能力强、价格低、国产安全产品等绝对优势,存在广阔的发展空间。

8.1.2　虹膜识别技术原理

眼睛的虹膜由相当复杂的纤维组织构成,其细部结构在出生之前就以随机组合的方式决定下来了,虹膜识别技术将虹膜的可视特征转换成一个 512B 的 Iris Code(虹膜代码),这个代码模板被存储下来以便后期识别所用。512B 对生物识别模板来说是一个十分紧凑的模板,但对从虹膜获得的信息量来说是十分巨大的。在识别过程中不管是戴普通眼镜还是戴隐形眼镜,都不会影响虹膜的扫描结果。即使做过视力矫正手术、白内障手术,以及角膜移植手术,虹膜的特征也依然如旧。从医学角度上说,除非甘愿冒失去视力的危险,否则没有办法改变虹膜特征。充分而准确地获取数据,并与相应的算法结合后,虹膜识别可以到达十分优异的准确度。由于虹膜识别所获取的信息量巨大,因此即使全人类的虹膜信息都录入一个数据中,出现认假和拒假的可能性也相当小。

从识别的角度来说,虹膜的颜色信息并不具有广泛的区分性,而那些相互交错的类似于斑点、细丝、冠状、条纹、隐窝等形状的细微特征才是虹膜唯一性的体现。这些特征通常称为虹膜的纹理特征。根据虹膜识别算法系统,在人员注册自己的虹膜信息后,系统对已注册的虹膜信息进行预处理,并对有效的虹膜纹理特征进行描述,最后完成基于不同虹膜特征的分类任务,在识别过程中,通过与数据库中已分类的虹膜特征配对,完成识别。

虹膜识别技术的核心原理,就是对人眼虹膜细小特征的记录、分析和判断,而分析和判断的关键技术就是算法。虹膜识别系统由硬件和软件两大模块组成,硬件主要指虹膜图像获取装

置,软件主要指虹膜识别算法。这两大模块分别对应图像获取和
模式匹配这两个基本问题。计算机将虹膜的可视特征转换成一
个 512B 的虹膜代码,这个代码模板被存储下来,以便后期识别所
用。从采集到的直径 11mm 的虹膜上,计算系统用 3.4B 的数据
来代表每平方毫米的虹膜信息。这样,一个虹膜约有 266 个量化
特征点,在算法和人类眼部特征允许的情况下,虹膜识别技术可
获得 173 个二进制自由度的独立特征点。当需要识别时,计算机
会自动将当前采集的虹膜特征点与数据库中存储的特征点相匹
配,然后自动给出比对结果。由于采集的特征点数量多,并采用
先进的算法,虹膜识别的准确度是十分高的。英国国家物理实验
室数学及科学计算中心的实验数据表明,在生物识别技术中,掌
纹识别的差错率是万分之一,指纹识别的差错率为 10 万分之一,
而虹膜识别的差错率仅是 120 万分之一。

8.1.3　虹膜识别系统的组成与功能及其工作流程

1. 虹膜识别系统的组成与功能

虹膜识别系统的功能由图像采集、图像处理分析、用户登记
处理、用户识别处理、数据存储传输管理、回答信息处理等功能模
块组成。这些功能模块主要实现两种功能:用户登记和用户识
别。进行用户登记或用户识别时,由图像采集模块采集用户虹膜
图像,经图像处理分析模块处理,用户登记时,由用户登记处理模
块生成用户登记信息并存入数据库;用户识别时,由用户识别处
理模块生成用户识别信息,并将识别信息与登记信息进行比对,
得出识别结果。用户登记是一次性过程,一个用户登记一次。用
户登记信息应具有一致的形式,以加强安全管理并节省资源。

图 8-2 所示为虹膜识别系统的组成与相互关系图。

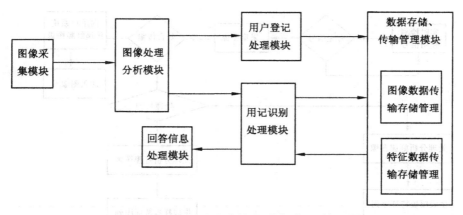

图 8-2　虹膜识别系统的组成与相互关系图

2. 虹膜识别系统的工作流程

图 8-3 所示为虹膜识别系统的工作流程。

8.1.4　虹膜识别产品

1. 虹膜考勤系统

（1）考勤系统

考勤系统的目的是实现员工考勤数据采集、数据统计和信息查询过程的自动化,完善人事管理,方便员工上班报到,方便管理人员统计、考核员工出勤情况,方便管理部门查询、考核各部门出勤率,准确掌握员工出勤情况,有效管理、掌握人员流动情况。特别适合煤矿考勤、工厂考勤、建筑工人考勤等。

目前市场上广泛采用的磁卡、IC 卡、射频卡等问题无法解决替代性问题,而指纹等生物识别技术,也因为识别精度不够,指纹容易损伤或先天指纹不清、设备维护困难等问题不能满足需要。而虹膜识别考勤系统可以从根本上杜绝公司考勤时有人替打卡现象,而且识别率很高。

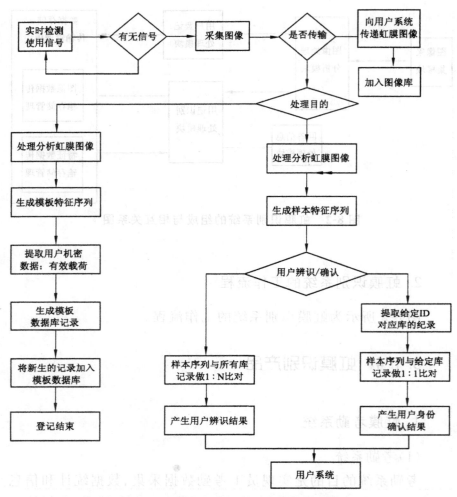

图 8-3 虹膜识别系统工作流程示意图

虹膜考勤系统有着以下几方面的优点：

①虹膜识别技术免接触，不可以篡改，安全性高；

②正常状态下的识别速度在 1s 左右；

③统计考勤数据快捷，无须人工统计；

④产品先进。

虹膜身份识别技术是目前所有生物识别技术里安全性、唯一性最高的人体生物识别技术。使用上已经非常方便可靠，所以投资一步到位,操作简单,使用寿命长。

(2)虹膜识别考勤系统的组成

虹膜识别考勤系统由虹膜识别考勤机、虹膜识别软件、人员考勤系统软件和其他附加设备组成。

虹膜识别考勤机分为两种:壁挂式虹膜识别考勤机(图 8-4)和立式虹膜识别考勤机(图 8-5)。

图 8-4　壁挂式虹膜识别考勤机

图 8-5　立式虹膜识别考勤机

虹膜识别考勤机由虹膜采集设备、虹膜识别处理设备、显示器、键盘、音箱等部件组成。

虹膜识别软件系统由虹膜采集软件和虹膜识别处理软件

组成。

（3）虹膜识别考勤系统特点

①无伤害。通过光学单元获取虹膜图像是安全的。采集虹膜图像就像照相一样。光学单元中红外 LED 等的辐射水平对眼睛无任何伤害。

②操作简单。仅仅将眼睛的虹膜信息进行注册，即可对身份进行记录和识别。即使戴着眼镜（近视镜、太阳镜、隐形眼镜）也可以正常地进行识别。

③非接触。图像采集设备可以非接触地采集虹膜图像，避免了由于身体接触而带来病菌感染的可能性。

④精确。虹膜是人的身体中最独特的器官之一。对每个人而言，都具有绝对的唯一性，双胞胎或者是同一个人的左右眼虹膜都不会相同。

⑤节省开支。虹膜考勤系统安装好以后，新注册用户时不需要再添置其他设备，一次投资，一步到位。统计考勤数据快捷，不需要人工统计，极大地节省了人力物力。

⑥使用方便。可避免因为忘记密码、卡的丢失/破损等情况引起的麻烦，不必担心他人伪造。

⑦高速识别。识别过程在 1s 内即可完成。

（4）虹膜识别考勤系统产品主要性能指标

接口：RJ45

取像时间：＜18s

眼睛旋转角度：≤±35°

处理时间：≤1s

采集方式：自动

使用方式：立式

工作模式：独立工作模式和联网工作模式

工作湿度：相对湿度＜80％

工作环境：室内

工作电压：220V AC

峰值电流：≤0.7A

尺寸：40cm×35cm×140cm

(5)虹膜识别考勤系统基本功能

①采集。员工上下班的数据，由考勤软件从考勤数据库采集，作为原始考勤数据的来源。

②统计。统计系统将个人信息进行过滤处理，只保留每天考勤记录，然后按员工姓名、日期或其他分类方式进行统计，生成各类统计报表。

③查询。可根据需要随时在查询系统查询各员工上下班、出勤缺勤等情况，并可随时打印出来。

④考勤管理。系统允许系统管理员进行系统设置。设置包括每次采集的有效时间段设置，迟到、早退、旷工的时间设置等。如提前多少时间上班有效，早退多少时间是旷工等，用户可以根据本单位具体制度自行设置。

⑤员工管理。每位员工都有较详细的信息，可以调出每位员工登记时的原始资料。

⑥无人值守考勤。记录任何非法出入信息及图像，及时保存于机器硬盘上，断电仍可保证记录安全。

2. 虹膜鼠标

(1)虹膜鼠标介绍

虹膜鼠标产品采用了虹膜识别技术，包括软、硬件两部分，硬件部分包括虹膜识别装置和集成的人体工学鼠标，在使用鼠标的同时就可以使用虹膜识别技术，免去了另外购买鼠标或虹膜识别装置的麻烦和成本。

虹膜识别装置采集到虹膜信息后，通过鼠标的 USB 通信口将虹膜信息传送给计算机，由软件转化成数字代码并进行验证。软件能够模拟 Windows 登录的模式，进行登录时的虹膜验证，代替密码验证，提高了计算机系统的安全性。可以通过虹膜验证的方式，对计算机系统中的文件内容以及文件夹加以保护。并且由于采用了多用户管理的方式，使其实用性得到了加强，广泛适用于所有急需系统保护的个人电脑及服务器系统。

由于"虹膜鼠标"所用的"虹膜镜头"需要单做，而模具盒 DSP 芯片(解码芯片)和普通鼠标也不尽相同，这都增加了"虹膜鼠标"的成本。

（2）虹膜鼠标的基本功能

①登录 Windows 操作系统。授权用户经过虹膜识别验证后，可以登录 Windows 系统，未授权用户无法登录系统。

②文件/文件夹保护功能。对文件/文件夹进行"隐藏""防止拷贝""禁止访问"等保护性设置。

③屏幕保护功能。当系统进入屏幕保护状态之后，只有授权用户经过虹膜识别验证，才可以让系统重新进入工作状态。

④保护驱动盘。授权用户可隐藏整个驱动盘或驱动盘的内容以便保护重要信息。

⑤网络断开/连接功能。授权用户进行虹膜识别验证之后，可自由断开/连接互联网。

（3）虹膜鼠标的特性

①微处理器。内置智能化"学习"功能，处理系统使用次数越多，识别速度越快。

②鼠标系统。包括处理器/内存/闪存在内的部件内置在鼠标内部，生物数据的图样分析及数据存储都发生在鼠标内部。可有效防止数据丢失及外露。

③"匹配"虹膜识别系统。注册的数据存储在鼠标内部，数据验证过程在鼠标内部的微处理器上进行，无须经过电脑。这种方式可有效防止黑客非法入侵。

④CMOS 摄像传感器。特别开发了虹膜 CMOS 摄像传感器，可清晰迅速地捕捉所需图样。

⑤凹透镜向导装置。创新的凹透镜向导装置让用户轻松完成虹膜识别过程。

⑥处理时间。虹膜数据注册时间为 4～10s，虹膜识别验证时

间为 0.1～2s。

⑦照明度。虹膜数据注册为 50Lux 环境,虹膜识别为 10～10000Lux 环境。

⑧多使用用户。一台鼠标中最多可以注册 10 人的数据。

3. 虹膜识别摄像头

图 8-6 中所展示的是一套最新的小型化虹膜识别设备,是一套可应用于电脑系统的身份识别装置。其作用与 Windows 密码、指纹识别相同,都是作为软件锁出现,只是系统以人眼为识别系统。虹膜识别摄像头由一个可以拍摄人眼虹膜的摄像头和一套能够针对所拍摄影像进行分析的软件构成。摄像头上带有一个红光发射口,当人眼对红光做出反应的时候,摄像头便记录下被摄者虹膜的图像,并针对多个特征点进行分析记录,最后转化成数据记录下来。以后每次登录系统的时候,只要将眼睛对准摄像头,系统便会自动记录下请求登录者的虹膜信息,并与系统中记录的虹膜进行对比,确定一致后方允许登录。

图 8-6　小型化虹膜识别摄像头

8.1.5　虹膜识别技术的应用

1. 虹膜识别技术在监狱门禁中的应用

监狱大门是监狱防止犯人越狱的关键环节。在监狱这样一个安保等级要求极高的特殊区域,门的控制和管理至关重要。本着"严进严出"的理念,采用进门必须刷卡,并验证人员身份后才能进入;出门必须刷卡,并验明出入人员的身份,(通过指纹、人脸识别、虹膜等)才可开启大门。由于所有监狱都存在生产活动,外单位人员时常要进出监狱,因此门禁系统本身要对外单位人员的进出进行管理、记录,并且要具有防尾随功能,即当警察以正常方式出门时,如有尾随的犯人,门禁需能通过某种方式防止犯人从门禁逃脱。由本书前文叙述可知,虹膜识别是目前生物识别技术中最为可靠的方式。下面具体介绍虹膜识别技术在监狱门禁系统中的应用。

监狱部门本着"严进严出"的原则,所有进出大门的人员均采用虹膜识别仪验证,成功后才能通过大门。在发生火警或其他紧急情况时,可通过门禁管理机械按钮或软件实现所有门禁系统全开和全锁功能。在门禁系统断电后,所有门锁必须由干警手工打开。根据监狱管理工作的实际要求,采用 AB 联动门的管理模式,实现双门联动互锁,并在 AB 门之间制作一缓冲区域。正常状态进监管区时,虹膜识别开启 A 门,进入防尾随缓冲区域;再以刷卡方式开启闸机,通过再次虹膜识别开启 B 门,进入内部区域。出监管区时,通过虹膜识别开门,由系统根据预设的出入权限判断此人是否可以出门。如有权限,则中心通过管理软件远程控制予以开启 B 门,进入防尾随缓冲区域,刷卡开启闸机。如果不刷卡而是从闸机上跳跃过去,则移动探测系统马上会发出报警,同时联动视频监控并锁死 AB 两道门,杜绝不合法通过缓冲区就想出 A 门的可能,即只有合法通过缓冲区,才能通过 A 门。

2. 虹膜识别技术在银行门禁中的应用

银行的营业网点、金库、保险箱等都是防盗抢的重点单位,银行内部的中心机房、会计档案中心也是严格控制进出的重要场所。银行的各种规章制度都要求进入这类场所必须符合规定,经过授权、登记后才能进入。但是不管制度规定多么严格、安全通道如何设计,都要用钥匙、IC 卡、密码或者指纹等打开安全门,而钥匙、IC 卡、密码等物件容易被窃取、借用、遗失和仿造,甚至指纹也很容易被窃取,这些都会形成一定的安全隐患。采用虹膜识别技术为解决这一问题提供了行之有效的解决方案。虹膜识别门禁系统是以使用者在虹膜识别门禁设备上的数据比对为基础,以计算机为后台处理工具,全面实现对通道控制区内出入人员的自动化管理。同时根据使用者登记记录能够快速自动生成用户所需的按时间等多种排序条件导出的门禁记录报表,方便管理人员查询记录。同时亦可作为内部工作人员的自动考勤系统。

银行虹膜识别集中门禁管理系统是通过核对需要进入的人员的虹膜来进行身份识别的。针对银行各种不同的门禁要求,首先,对每个内部员工进行虹膜信息的登记,并且按照其职务、部门、出入区域来划分员工的权限。当有人要进入某道门时,需要将其眼睛(一般为右眼)靠近虹膜门禁的采集设备,虹膜采集设备会迅速、准确地采集虹膜信息。然后,读取的虹膜信息将被发送到后台人员权限管理服务器,服务器通过与事先存储在数据库中的虹膜信息进行比对,从而迅速得出该虹膜是否为合法的分析结果。如果合法,则根据其预设权限确定该员工是否有权进入门后的区域。只有被授予权限的员工,系统才会通过门禁机(门禁控制器)向电控锁发出开门信号,允许该员工进入,否则无法进入。

3. 虹膜识别技术在矿山企业考勤系统中的应用

矿山企业的考勤关系到工人工资的发放、井下人员定位,以及发生事故后的人员统计。生物识别中常见的指纹识别、指静脉识别和面部识别等技术在矿山企业考勤方面很难实现其目的。主要原因是长期的体力劳动直接导致很多矿工指纹磨损,无法采集和识别;井下的灰尘也会让面部识别无用武之地;而手指污渍则让指静脉识别效果大打折扣。但是,虹膜识别的部位为眼球,这部分器官不会磨损、不会脏污,也不会受灰尘的影响,是矿山企业理想的选择。虹膜识别考勤系统可以准确提供下井的确切人数及身份，为矿山日常考勤、事故发生后快速进行事故责任处理提供了有效的依据。

当前，虹膜生物特征识别技术已经逐步地应用到门禁和考勤系统中，但由于虹膜采集和认证模块的成本昂贵，普通民用领域更愿意采用人脸识别和指纹识别，对虹膜识别技术的应用较少。随着虹膜技术的深入研究，虹膜识别设备成本的下降，凭借唯一性、天然活体、精度高等特点，虹膜识别技术的应用前景还是相当值得期待的。

8.2 人耳识别产品

8.2.1 人耳识别技术简介

人耳识别技术是 20 世纪 90 年代末开始兴起的一种生物特征识别技术。人耳具有独特的生理特征和观测角度的优势，使人耳识别技术具有相当的理论研究价值和实际应用前景。从生理解剖学上，人的外耳分耳廓和外耳道。人耳识别的对象实际上是外耳裸露在外的耳廓，也就是人们习惯上所说的"耳朵"。

一套完整的人耳自动识别系统一般包括以下几个过程：人耳图像采集、图像的预处理、人耳图像的边缘检测与分割、特征提取、人耳图像的识别。目前的人耳识别技术是在特定的人耳图像库上实现的，一般通过摄像机或数码相机采集一定数量的人耳图像，建立人耳图像库，动态的人耳图像检测与获取尚未实现。

人耳识别技术既可作为其他生物识别技术的有益补充，也可以单独应用于一些个体身份鉴别的场合。

8.2.2　人耳生物识别系统

早在 1946 年美国犯罪学研究专家 Iannarelli A 就发表了他的人耳识别系统,该系统已经被美国法律执行机构采用,并应用了四十多年。Iannarelli 系统通过在一张放大的耳朵图像上放置一个有 8 根轮辐的透明罗盘,在耳朵周围确定 12 个测量点,然后将待测图像投影到特定标准画板的指定区域;最后在图像中提取测量段识别不同的人耳。这种方法是以耳廓解剖学特征为测量系统的基础,不易定位,所以不能用于人耳自动识别系统。自动人耳识别最近几年才发展起来。一套完整的人耳自动识别系统一般包括以下几个过程:人耳图像采集、图像预处理、人耳图像的边缘检测与分割、特征提取、样本训练和模板匹配。

图像的采集阶段一般通过摄像机或 CCD 照相机采集一定数量的人耳图像,建立人耳图像库。预处理阶段通常包括降噪、增强以及归一化、去除噪声、进行光照补偿等处理,以克服光照变化的影响,突出人耳特征。然后进行边缘提取和分割,提取出人耳轮廓并分割定位出完整的人耳图像。至于特征提取,不同的方法差别很大,最后是匹配。

8.3　掌形识别产品

8.3.1　掌形识别技术原理

掌形识别技术是通过使用者独一无二的手掌特征来确认其身份。手掌特征是指手的大小和形状。它包括长度、宽度、厚度以及手掌和除大拇指之外的其余 4 个手指的表面特征。首先,掌形识别必须获取手掌的三维图像,然后经过图像分析确定每个手指的长度、手指不同部位的宽度以及靠近指节的表面和手指的厚度。总而言之，从图像分析可得到 90 多个掌形的测量数据。

接着，这些数据被进一步分析得出手掌独一无二的特征，从而转换成 9 字节的模板进行比较。这些独一无二的特征，如一般来说，中指是最长的手指。但如果图像表明中指比其他手指短，那么掌形识别系统就会将此当作手掌一个非常特殊的特征。这个特征很少见，因此，系统就将此作为该人比较模板的一个重点对比因素。

当系统新设置一个人的信息时，将建立一个模板，连同其身份号码一起存入内存。这些模板作为将来确认某人身份的参考模板之用。当人们使用该系统时，要输入其身份号码。模板连同身份号码一起传输到掌形识别系统的比较内存。使用者将手放在上面，系统就产生该手的模板。这个模板再与参考模板进行比较确定两者的吻合度，比较结果被称为"得分"。两者之间的差别越大，"得分"越高，反之亦然。如果最终"得分"比设定的拒绝分数极限低。那么使用者身份被确认。反之，使用者被拒绝进入。

8.3.2 掌形识别产品

1. 掌形机

常见的掌形机如图 8-7 所示。

图 8-7 掌形机

掌形机的特点包括：

①真正安全；

②比 IC 卡系统更省钱；

③快速易用；

④不需要用卡片，增加了使用上的便利；

⑤能集成到现有系统；

⑥被广泛使用所证实的生物识别技术。

与指纹机相比，在都具有唯一性、随身携带性、无法替代性、不可抵赖性功能的同时，掌形机另有无可替代的三大优势。

①100％一次性通过，无人群盲点。不会出现类似指纹因有些人无法识别或很难识别导致不能正常开门的情况。

②绝对的可靠性。掌形机提取的特征点有 90 多个，包括手掌的三维，除拇指外其他手指表皮特征等；识别技术是靠红外扫描和 CCD 成像。而指纹通常只有 30 多个特征点；值得注意的是：防伪性较好的半导体芯片容易遭受破坏和磨损；而稍稳定耐用的光学指纹头对假手指、假指纹的拒伪识别性差。

③耐用性好，不怕磨损，使用寿命长；例如，深圳证券交易所目前所用掌形机使用已超过 5 年，运行状态良好。

2. AS 掌形识别系统

AS 掌形考勤系统是集人事管理、排班管理和考勤管理于一体的系统。该系统利用掌形识别技术进行人员考勤，不仅杜绝了"代打卡"现象，而且其功能强大的考勤管理软件更为人事部门的考勤统计提供了便捷的方式，真正实现了考勤、人事和薪资管理的科学化和智能化。

掌形识别系统具有以下特点：

①杜绝"代打卡"：员工只能用自己的手掌进行考勤，杜绝了"代打卡"现象，避免了不必要的人事纠纷，体现了考勤管理的公正性和准确性。

②节约成本：节约人事作业与更换、补发考勤卡的成本。

③操作简便：员工考勤方便、简单，不必担心忘记、遗失考勤卡的麻烦，同时可避免员工的抵触情绪。

④时间优化：优化了以往只能打一次考勤的方式，无论打几次，系统都会自动分配最佳的考勤时间。

⑤界面友好：用户界面友好，能直接显示异常情况（包括迟到、旷工、请假、早退、加班、休假、出差）及其详细信息（实际时间、班次时间等）。

⑥自动备份：数据库可无限扩充，只要硬盘空间允许，可按月份保留所有数据。不存在丢失考勤卡的可能，数据流失概率较小。

⑦连接方式灵活：可单机、多机或联网使用，信息自动记录，实时上传到计算机，自动统计管理。

⑧动态排班：排班规则灵活多变，可按用户需求设定考勤次数、不同班次时间和跨日班次，自动排班，自动删除节假日。既可用于学校、机关等工作班次单一固定的考勤管理，也可用于宾馆、医院、工厂等工作班次灵活多变的考勤管理，普遍适用于各企事业单位。

⑨门禁管理：可增加门禁功能，提高安全性，防止公司财产受到损失。

⑩资料维护：能进行员工人事基本资料维护，并为工资结算预留接口。

3. 掌心识别门禁系统

门禁控制——"手就是钥匙"，没有人可以代替住户，掌形识别系统只认可授权人本身，其他人一概拒绝，完全杜绝推销人员或非法人员进入。同时也不会有丢失/遗忘钥匙、卡或密码的担忧。

掌形识别门禁系统具有以下特点：

①分别管理：住户经掌形识别系统验证身份后进入楼内，客人则经过对讲系统由住户开启大门后进入。

②多种报警功能:胁迫报警,当人员受到胁迫时,可在输入 ID 号的同时输入胁迫码,门禁系统正常使用,但中控室发出报警,有效保障了人员的人身安全;盗用报警,当有人盗用他人 ID 号企图进入时,中控室内主机会发出报警;断电/断线报警,掌形仪连接线路中断时或掌形仪断电时,主机会马上发出报警;反拆卸报警,当掌形仪被恶意拆卸时,主机会发出报警。

③控制灵活:既可单机操作,又可通过 RS422/485 总线、Modem 及以太网与中央计算机连接进行联网管理,还可与监控和报警系统联动,并对人员的出入情况进行实时监控、实时记录。

④可与读卡设备连接:掌形识别系统既可通过输入 ID 号单独使用,也可与读卡设备连接使用,从而在发挥生物识别技术独一无二的优势的同时,还能与小区的"一卡通"工程紧密配合。

8.4 指静脉识别技术

8.4.1 指静脉识别技术原理

根据血液中的血红素有吸收红外线光的特质,将具红外线感应度的小型照相机对着手指进行摄影,即可将照着血管的阴影处摄出图像来。将血管图样进行数字处理,制成血管图样影像。静脉识别系统就是首先通过静脉识别仪取得个人静脉分布图,从静脉分布图依据专用比对算法提取特征值,通过红外线 CCD 摄像头获取手背静脉的图像,将静脉的数字图像存储在计算机系统中,将特征值存储。静脉比对时,实时采取静脉图,提取特征值,运用先进的滤波、图像二值化、细化手段对数字图像提取特征,同存储在主机中的静脉特征值比对,采用复杂的匹配算法对静脉特征进行匹配,从而对个人进行身份鉴定,确认身份。

手指静脉识别采用了行业领先的光传播技术来进行手指静

脉对比和识别的工作。近红外线穿过人类的手指时，部分射线就会被血管中的血色素吸收，从而捕捉到独有的手指静脉图样，然后再和预先注册的手指静脉图样进行比较，对个人进行身份鉴定。

光传播技术可以确保能够拍摄到高对比度的手指静脉影像，而不受皮肤表面的褶皱、纹理、粗糙度、干湿度等任何缺陷和瑕疵的影响。由于手指静脉图样对比只需要少量的生物统计学数据，所以成为快速和精准的个人身份识别系统，并将其在体形小巧、界面友好、价格适宜的个人身份识别装置中得以有效应用。

8.4.2　指静脉系统组成

一个完整的指静脉身份识别系统是由指静脉图像采集、质量判断、预处理、特征提取、特征比对 5 个部分组成的，如图 8-8 所示。

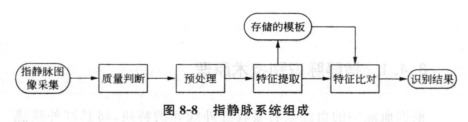

图 8-8　指静脉系统组成

8.4.3　指静脉采集装置

图像采集在整个图像处理过程中起着至关重要的作用，所采集图像的质量直接影响着图像处理的结果。对于质量太差的图像，即使用很好的算法也难以弥补，并将严重影响到最终的识别结果，因此采集设备的选择也非常重要。

手指静脉血管是位于皮下的组织，通常情况下用肉眼是无法观察到的，普通的传感器也不能对其直接成像。根据人体组织的特点，当用近红外光（波长范围为 700～1000nm）照射人体组织时,血管中的血红蛋白因吸收该红外线而形成阴影,而红外线对人体组织的其他部分却具有很好的透射性,同时不同人的血管所形成的阴影图案有很大的差别,因此可以通过获得该静脉阴影来进行身份识别。这就是手指静脉成像的原理以及该生物特征用于身份识别的原因。

获取静脉图像一般有两种方式:近红外线透射法和近红外线反射法,如图 8-9 所示。

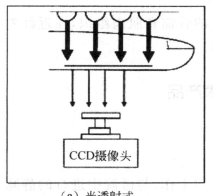
（a）光透射式

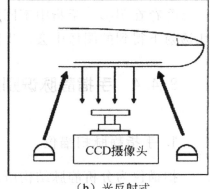
（b）光反射式

图 8-9　获取静脉图像的常规方式

近红外线透射法是通过近红外线透射手指而形成静脉图案的。这种方式的优点是形成的静脉影像比较清晰,静脉部分与手指其他部分差别显著。但是进行图像采集时,用户需要将手放置在光源与图像传感器之间,有时会导致用户感觉不适,而且设备体积也可能较大。此外,因为近红外线必须穿过人体组织才可成像,所以光透射法对人体组织的厚度或体积有一定要求。

近红外线反射法是通过手指不同部位对反射光强度的差别来形成静脉图案的。因为静脉血管部位吸收红外线,因此反射光的强度弱于手指其他部位。这种方式的优点是使采集设备在设计上具有一定的优势,可以把光源与图像传感器放在一起,使设备更紧凑,用户使用起来更加方便,但是它也存在一定的缺点,即形成的图案中静脉部位与手指其他部位的差别非常微小,需要很高的处理技术。

一般来说，手指静脉采集装置获取的灰度图像具有如下特点。

①局部区域对比度小。由于静脉在手指中是立体分布的，离光源近的静脉成像明显，远离光源的成像较模糊，造成局部区域静脉和背景对比度低。

②偏光性。手指在两关节连接处的皮肤较薄，导致所呈现的凸显灰度值在手指关节连接处较大，两侧灰度较小，出现偏光现象。

③存在阴影。手指中不同厚度的骨骼和肌肉组织，在近红外线透射下得到的图像中会产生阴影。

8.4.4 手指静脉识别技术产品

1. 手指静脉扫描仪

扫描仪为分析静脉结构所进行的工作，与医院中进行的静脉扫描测试完全不同。医用静脉扫描通常使用放射性粒子，而生物识别安全扫描只是使用一种与遥控器发出的光线相类似的光线。

2. 静脉扫描鼠标

把鼠标上面打洞，如图 8-10 所示，里面装个静脉扫描仪，再配合目前仅和 Windows 兼容的软件，就可以使电脑更安全。

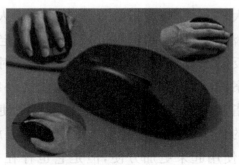

图 8-10　静脉扫描鼠标

3. 配备手指静脉识别的 ATM 自动提款机

当人们将自己的手指按在自动取款机的某个指定区域时,指纹扫描仪附带的传感器会马上获得感知,扫描仪会从不同方向向手指发出类似红外线的光束,人们的手指指纹在这些光束的照射下会在机器中形成一个三维图像。随后,扫描仪附带的一个摄像机镜头会拍摄下这个图像,并将其转变成可供与数据库信息进行比对的数据资料。通过比对,人们可以自动进入接下来的银行交易程序。

手指静脉识别技术消除了银行卡或密码的丢失、失窃或伪造引发的相关问题。银行也可利用手指静脉识别系统对柜台和金库进行有效管理。

8.5　步态识别技术

8.5.1　步态识别技术简介

生物特征识别技术是利用人自身所固有的生理或行为特征进行身份鉴别。生理特征与生俱来,多为先天性的(如指纹、虹膜、脸像等);行为特征则是习惯使然,多为后天性的(如笔迹、步态等)。但是没有一种生物特征是完美而有效的,指纹识别的可靠性比较高但是需要实际的物理接触;人脸与虹膜识别不需要物理接触,然而在实际应用时却受到环境的限制较多;实际上大多数的人脸识别技术只能够识别人的正面脸像,而虹膜识别技术的识别距离一般不会超过 5m。步态作为一种生物特征就是根据人走路的姿势进行人的身份认证。

步态识别可以克服上面的生物特征的缺陷在远距离非接触的状态下进行,所以近年来步态识别引起了各国学术科研机构的重视。如美国 DARPA2000 年重大项目——HID（远距离身份识别）计划开展的多模态视觉监控技术以实现远距离情况下对人的检测、分类和识别。该项目联合了马里兰大学、麻省理工学院、卡耐基梅隆大学等著名高校参与，其研究重点在于通过远距离的步态识别和动态人脸识别以及不同的因素对远距离身份识别的影响。

步态作为一种远距离身份识别的生物特征，虽然它具有其他的生物特征所不具有的一些优点，但也具有明显的缺点。步态识别的精度为中等，并且对于数据库较小时比较有效；对于数据库中的数据较多时仅仅利用步态很难从中识别出单一的个体，但是此时利用步态可以缩小可能匹配的范围。步态识别作为一个处于探索性理论研究阶段的新的研究领域，近年来取得了一系列的探索性的研究成果。

8.5.2　步态识别技术

1. 步态识别技术算法

目前，已研究出的步态识别的软件算法有如下几种：
①基于主元分析的免于模型的二维步态识别算法；
②基于统计形状分析的步态识别算法；
③基于时空轮廓分析的步态识别算法；
④基于模型的步态识别算法；
⑤基于 Hough 变换的步态特征提取的步态识别算法；
⑥基于三维小波矩理论的步态识别算法。

此外，有人基于"人体生物特征不仅包含静态外观信息，也包含行走运动的动态信息"的思想，提出了一种判决级上融合人体静态和动态特征的身份识别方法。利用此方法在不同融合规则下的实验结果表明，融合后的识别性能均优于使用任何单一模态下的识别性能。

2. 基于踝关节轨迹的身份识别算法

近年来,在步态识别领域已有很多尝试性工作。采用关节点轨迹和角度识别的尝试取得了令人鼓舞的成果。其中,Taylor 等人使用人身体的运动规律性和一些约束来识别人行走和非行走状态;Chew Yean 用两个连接钟摆建立腿部的运动模型,从钟摆倾斜角度的曲线中提取某些频率分量作为步态特征进行识别;Aaron 采用感应标签的办法获取身体关节的运动轨迹来达到识别目的。

基于步态的身份识别很大程度上依赖于人体形状随着时间的变化过程。故可将步态序列看作由一组静态姿势所组成的模式,然后在识别过程中引入这些观察姿势随时间变化的信息。针对过去提取关节点采感应标签簿具有很高计算代价的方法,采用细化的办法提取脚踝点并采用轨迹特征来识别的算法:首先,根据背景减除的方法进行运动区域分割,在经过背景提取以及差分二值化后,可以把运动区域提取出来;其次,通过跟踪脚踝提取出其运动轨迹,并从运动轨迹中获取表示步态的特征。训练过程中使用简单的方法提取出速度场和路径场;针对行走过程中两脚重合时跟踪不到脚踝的情况,采用插值算法估计脚踝的位置;在识别过程中将序列的轨迹参数作为步态特征进行分类。

（1）特征提取

①背景提取。采用背景减除的方法进行运动区域分割,首先必须从图像序列中恢复背景图像,考虑到视频处理的实时性,本书中使用一种复杂度较低的方法提取背景。令$\{I_k, k=1,2,3,\cdots,N\}$代表一个包含 N 帧图像的视频,则背景图像 B 可用下面迭代的方法获得:

$$B = \alpha I_k + \beta B(k=1,2,3,\cdots,N) \tag{8-1}$$

其中,参数 $\alpha + \beta = 1$,初始化时 $B = I_1$。

②差分及二值化。为把前景从背景中分割开来,使用下述函数来间接执行差分操作:

$$f(a,b)=1-\frac{2\sqrt{(a+1)(b+1)}}{(a+1)+(b+1)}\times\frac{2\sqrt{(256-a)(256-b)}}{(256-a)+(256-b)}$$

$$(8-2)$$

其中 $0\leqslant f(a,b)<1,0\leqslant a(x,y),b(x,y)\leqslant255,a(x,y)$ 与 $b(x,y)$ 分别是当前图像和背景图像在像素 (x,y) 处的亮度值。对于每幅图像 $I(x,y)$,通过二值化提取函数来获取当前图像中的变化像素。

③运动目标检测。二值化后提取的运动区域可能会出现空洞和噪声点,用图像形态学的方法可以去除它们的影响。然后,通过执行单连通分量分析就可以得到单连通的运动目标。由于边界对本书中采用细化算法来寻找脚踝的方法比较敏感,所以采取边界平滑的算法进一步调整前景区。在经过背景提取以及差分二值化后,就可以把运动区域提取出来。

④脚踝提取。针对脚踝处于弯曲部位的特征,采用细化算法,找到细化之后的曲线交叉点即近似等于脚踝的位置。为了降低细化算法的复杂度,先找到脚的大体位置,步骤如下:

• 求重心:

$$X_c=\frac{1}{N_t}\sum_{i=1}^{N_t}x_i,Y_c=\frac{1}{N_t}\sum_{i=1}^{N_t}y_i \qquad (8-3)$$

其中,(X_c,Y_c) 是重心的坐标,N_t 是前景区像素总数,(x_i,y_i) 是前景区像素点。

• 减小搜索区的范围:只保留要跟踪的脚踝所在的一侧和重心以下位置。

• 细化:对图像序列用生态学方法进一步平滑边界,填充空洞、去除噪声并细化图像。

• 搜索脚踝点:搜索细化后曲线上出现的交叉点可近似得到脚踝的坐标 $p(x,y)$。

在经过以上 4 个步骤之后,就可以得到脚踝的位置坐标,图 8-11 是脚踝跟踪示意图。该方法对鞋子的影响具有鲁棒性,原因是鞋子对脚踝弯曲部位的影响不大。

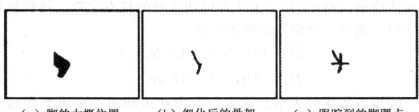

（a）脚的大概位置　　　（b）细化后的骨架　　　（c）跟踪到的脚踝点

图 8-11　脚踝跟踪示意图

⑤脚踝轨迹的形成。提取序列一个周期中的每一幅图像脚踝的位置坐标 $P_i(x,y)$。为了便于轨迹的描述和特征向量的提取,本书采用以下方法。令:

$$M_N = \frac{1}{N}\sum_{i=1}^{N}P(i)_x \qquad (8\text{-}4)$$

N 是某个序列的帧数,$P(i)_x$ 是序列中第 i 幅图像的 x 坐标(注:坐标系选取图像的左上角为原点,x 轴向下,y 轴向右)。

$$D(i)_x = -[P(i)_x - M_N] \qquad (8\text{-}5)$$

$D(i)_x$ 是序列中第 i 幅图像的 x 坐标相对于均值的偏移。这样就得到了脚踝点运动的幅度。为了消除图像尺度、信号长度对训练和识别过程的影响,本书使用 L-泛数方法对 $D(i)_x$ 和 $P(i)_y$ 进行幅度上的归一化。

$$D(i)_x = \frac{D(i)_x}{\|\max[D(i)_x]\|}$$

$$D(i)_y = P(i)_y = \frac{P(i)_y}{\|\max[D(i)_x]\|} \qquad (8\text{-}6)$$

考虑到轨迹的特征,进一步从步态周期中确定适合所有个体的轨迹起始点和结束点。分别从上述曲线的起始点和终止点搜索 x 方向变化幅度最大的第一点。

$$ds_x = X[\underset{i=1}{\overset{N/4}{\mathrm{FirstMax}}}\|D(i)_x - D(i-1)_x\|]$$

$$de_x = X[\underset{i=3N/4}{\overset{N}{\mathrm{FirstMax}}}\|D(i)_x - D(i-1)_x\|] \qquad (8\text{-}7)$$

ds_x 是曲线上升最快的第一点的 x 坐标,de_x 是曲线反向上

升最快的第一点,N 是一个步态周期序列的样本个数。这样就得到了归一化后一个周期的两个向量:

$$\overline{D_x} = [D(ds_x)_x \cdots D(de_x)_x]$$

$$\overline{D_y} = [D(ds_x)_y \cdots D(de_x)_y] \qquad (8-8)$$

⑥步态特征的表示。确定行人内在运动的一个重要线索是人体部分的运动。人的脚踝轨迹体现了个体的差异,它可以用速度场 S 和路径距离表示。

$$S = \frac{d(D_y)}{d(D_x)} \qquad (8-9)$$

d 代表求导。速度场反映脚踝运动的时空特性。求得速度场的模,即速度距 S_m。

$$S_m = S$$

路径距 L

$$L = \sum_{i=2}^{M} \sqrt{[D(i)_x - D(i-1)_x]^2 + [D(i)_y - D(i-1)_y]^2}$$

$$(8-10)$$

其中,$M = de_x - ds_x + 1$。路径的距离可以用于度量路径的一致性。这样就得到了作为识别的两个度量 S_m 和 L。它们从时空方面反映脚踝的运动轨迹,则 $C = [S_m, L]$ 可作为最终的步态特征。

(2)识别

①相似性度量。由于步态是时空运动,故期望使用时空相关来更好地捕捉它的空间结构特性及时间平移特性。对于任意两个步态序列要确定其周期,并从步态序列中提取出完整的步态周期,就需要找到每个人的视频序列中高宽比最大两帧图像作为大致周期。在该大致周期中选择脚踝上升幅度最大的第一点作为周期起始点,并从该周期的反方向选择上升幅度最大的第一点作为周期的终止点,这两个点之间作为精确周期。脚踝点在两脚重叠时不能从图像上直接得到,可以用插值的办法取得近似的脚踝点。

②分类器。可采用非参数的方法设计分类器。最近邻规则(NN)分类器就是一种比较容易实现的分类器,但不是最有效的,因而只用它来测试步态特征的可分性。NN 分类器使用欧氏距离作为相似性测度。其欧氏距离的定义为:

$$d^2 = \|S_{mc} - S_{me}\|^2 + \|L_c - L_e\|^2 \tag{8-11}$$

其中,S_{mc} 和 L_c 是测试样本,S_{me} 和 L_e 是数据库中的参考训练样本。

(3)实验

①识别性能。本节采用中科院自动化所提供的 NLPR 数据库。它包含 20 个人,每人 3 个视角(侧面视角 0°,倾斜视角 45°,正面视角 90°),每视角 4 个序列,共 240 个步态序列。本实验选取这 20 个人,并使用侧面视角。在该数据库上已作了大量的计算机仿真,全面测试了算法的识别性能和校验性能,获得了大量的仿真数据。通过使用留一校验(Leave-one-out Cross Validation)的方法,得出了 0°视角下 k＝2,5,10,20 算法的正确分类率 CCR(Correct Classification Rate)。

②校验性能。借用了脸部识别算法中用到的一种分类性能度量 ROS(Rank Order Statistic)来评估算法的性能,该方法在FERET 评估协议中首先被提到。使用最近邻分类器时算法的累积匹配分值图。

同时使用留一规则估计了算法的错误接受率 FAR(False Acceptance Rate)和错误拒绝率 FRR(False Reject Rate)。图 8-12给出了算法在使用最近邻分类器 NN 的情况下的 ROC(Receiver Operating Characteris)曲线。

错误接受是指将冒充者识别为真正的生物特征拥有者;错误拒绝是指生物特征拥有者被拒绝。对于理想的算法来说,这两个错误率均为 0。但实际中,这两个指标是相关的,当错误拒绝率较低时,错误接受率会较高;反之亦然。因此往往需要在两个错误率之间折中选取。用 ROC 曲线能够很好地反映两个错误率之间的关系,如图 8-13 所示。曲线上的点表示在某个给定的阈值下得到的错误拒绝率和错误接受率。从图中可以看到侧面 0°视角的等错误率 EER(Equal Error Rate)为 17%。

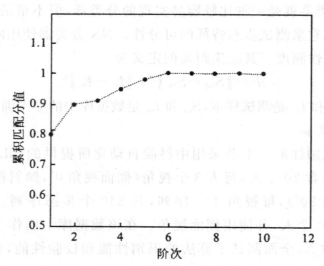

图 8-12　基于 FERET 协议的 ROC 曲线

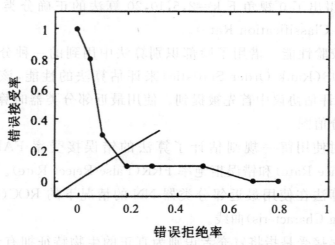

图 8-13　基于 NN 分类器的 ROC 曲线

③结果分析。使用速度距和路径距的识别办法可以有效避免某一帧丢失或是某一帧脚踝提取不好对识别结果的影响。但是基于 NN 分类器的等错误率 EER 为 17%不是很理想。其中速度场的范数会累加误差，一定程度上加大了总的时空匹配误差。而轨迹距离却可以克服部分轨迹点上的波动，从而取得好的识别效果。

8.6　DNA 识别技术

　　人体内的 DNA 在整个人类范围内具有唯一性(除了同卵双胞胎可能具有同样结构的 DNA 外)和永久性。因此,除了对同卵双胞胎个体的鉴别可能失去它应有的功能外,这种方法具有绝对的权威性和准确性。DNA 鉴别方法主要根据人体细胞中 DNA 分子的结构因人而异的特点进行身份鉴别。这种方法的准确性优于其他任何身份鉴别方法,同时有较好的防伪性。然而,DNA 的获取和鉴别方法(DNA 鉴别必须在一定的化学环境下进行)限制了 DNA 鉴别技术的实时性;另外,某些特殊疾病可能改变人体 DNA 的结构组成,系统无法正确地对这类人群进行鉴别。

　　美国科学家最近发明了一种新型系统,与在超市里收款时所用的条码系统类似,可以快速地识别出某一种物质可能含有的上千种不同成分。有科学家表明,借助这一系统,将能够开发出所谓的"DNA"条码,如图 8-14 所示,对基因、病原体或毒品以及其他化学物品进行检测。

图 8-14　DNA 条码

　　来自 Cornell 大学的科学家介绍说，这一新技术被称为"纳米条码"，主要是利用紫外线对被检测物质在不同颜色光照条件下进行荧光分析，而后由电脑对其分析结果进行识别分类确认。"目前大多数其他对生物分子进行检测的方法都需要昂贵的设备，但我们的技术却建立在廉价易行的手持设备基础之上"。

　　据介绍，科学家巧妙地将三条短链 DNA 互相连接起来，合成一个"Y"形的结构。之后，再利用许多这样的"Y"形结构"编织"成一个具有如同树状分支的结构。"对于那些抗体或者分子而言，它们结合在这样的树状分支结构的末端，就成了检测所需要发现的目标 DNA 链"。

参考文献

[1]刘宁.自动指纹识别系统关键技术[M].长春:吉林大学出版社,2016.

[2]邱建华.生物特征识别:身份人认证的革命[M].北京:清华大学出版社,2016.

[3]曾晓宏,易国键.自动识别技术与应用[M].北京:高等教育出版社,2014.

[4]刘平.自动识别技术概论[M].北京:清华大学出版社,2013.

[5]陈进,邓景康,景祥祜.图书馆 RFID 技术及应用[M].上海:上海交通大学出版社,2013.

[6]方龙雄.RFID 技术与应用[M].北京:机械工业出版社,2013.

[7]刘胜利.食品安全 RFID 全程溯源及预警关键技术研究[M].北京:科学出版社,2012.

[8]彭力,冯伟.无线射频识别(RFID)工程实践[M].北京:北京航空航天大学出版社,2013.

[9]阮秋琦.数字图像处理[M].3 版.北京:电子工业出版社,2011.

[10]张德丰.MATLAB 数字图像处理[M].北京:机械工业出版社,2012.

[11]丁明跃.物联网识别技术[M].北京:中国铁道出版社,2012.

[12]余富林.商品条码[M].北京:化学工业出版社,2012.

[13]黄玉兰.物联网核心技术[M].北京:机械工业出版社,2011.

[14]高飞,薛艳明,王爱华.物联网核心技术:RFID 原理与应用[M].北京:人民邮电出版社,2010.

[15]黄玉兰.物联网射频识别（RFID）技术与应用［M］.北京：人民邮电出版社，2013.

[16]蔡孟欣.图书馆 RFID 研究［M］.北京：国家图书馆出版社，2010.

[17]李全圣，刘忠立，吴里江.特高射频识别技术及应用［M］.北京：国防工业出版社，2010.

[18]程曦.RFID 应用指南：面向用户的应用模式、标准、编码及软硬件选择［M］.北京：电子工业出版社，2011.

[19]中国物品编码中心，中国自动识别技术协会.自动识别技术导论［M］.武汉：武汉大学出版社，2007.

[20]卢瑞文.自动识别技术［M］.北京：化学工业出版社，2011.

[21]卢瑞文.自动识别技术导论［M］.北京：化学工业出版社，2005.

[22]张铎.自动识别技术产品与应用［M］.武汉：武汉大学出版社，2009.

[23]张谦.现代物流与自动识别技术［M］.北京：中国铁道出版社，2008.

[24]张铎.生物识别技术基础［M］.武汉：武汉大学出版社，2009.

[25]中国物品编码中心.条码技术基础［M］.武汉：武汉大学出版社，2008.

[26]中国物品编码中心.条码技术与应用［M］.北京：清华大学出版社，2003.

[27]中国物品编码中心.二维条码技术与应用［M］.北京：中国计量出版社，2007.

[28]薛红.条码技术［M］.北京：中国轻工业出版社，2008.

[29]陈丹晖.条码技术与应用［M］.北京：科学工业出版社，2011.

[30]王伟，谢金龙.条码技术及应用［M］.北京：电子工业出版社，2009.

[31]赵军辉.射频识别技术与应用［M］.北京：机械工业出版

社,2008.

[32]董丽华.RFID技术与应用[M].北京:电子工业出版社,2008.

[33]郎为民.射频识别(RFID)技术原理与应用[M].北京:机械工业出版社,2006.

[34]周晓光.射频识别(RFID)技术原理与应用实例[M].北京:人民邮电出版社,2006.

[35]陈大才,等译.无线射频识别技术(RFID)[M].北京:电子工业出版社,2001.

[36]游战清.无线射频识别技术(RFID)理论与应用[M].北京:电子工业出版社,2004.

[37]游战清,刘克胜,等.无线射频识别(RFID)与条码技术[M].北京:机械工业出版社,2007.

[38]王慧琴.数字图像处理[M].北京:北京邮电大学出版社,2006.

[39]章毓晋.图像工程(下册):图像理解[M].2版.北京:清华大学出版社,2007.

[40]中国交通运输协会组编.物流信息技术应试指南[M].北京:电子工业出版社,2006.

[41]李国忠,蔡海鹏.物流信息技术[M].北京:化学工业出版社,2007.

[42]张成海,张铎.现代自动识别技术与应用[M].北京:清华大学出版社,2003.

[43]中国交通教育研究会组,孙海.物流信息技术[M].北京:人民交通出版社,2005.

[44]谭民,刘禹.RFID技术系统工程及应用指南[M].北京:机械工业出版社,2007.

[45]崔炳谋.物流信息技术与应用[M].北京:清华大学出版社,北京交通大学出版社,2005.

[46]中国自动识别技术协会.条形码与射频标签应用指南[M].

北京：机械工业出版社，2003.

[47]田捷.生物特征识别理论与应用[M].北京：清华大学出版社，2009.

[48]苑玮琦.生物特征识别技术[M].北京：科学出版社，2009.

[49]建设事业IC卡应用技术与发展编委会.建设事业Ic卡应用技术与发展[M].北京：中国建筑工业出版社，2003.

[50]李朝青.无线发送/接受IC芯片及其数据通讯技术选编2[M].北京：北京航空航天大学出版社，2004.

[51]游战清，刘克胜，张义强，等.无线射频识别技术（RFID）规划与实施[M].北京：电子工业出版社，2005.

[52]郑文超，崔鸿富.条码技术指南[M].北京：中国标准出版社，2003.

[53]谢金龙.条码技术及应用[M].北京：电子工业出版社，2009.

[54]思诚.银行磁条卡防伪技术及规范使用的实务分析[J].中国信用卡，2001（5）：10—14.

[55]慈新新，王苏滨，王硕.无线射频识别（RFID）系统技术与应用[M].北京：人民邮电出版社，2007.

[56]李铭.自动人脸检测与识别系统中若干问题的研究[D].北京：北京交通大学，2005.

[57]梁路宏，艾海舟，徐光佑，等.基于模板匹配与人工神经网确认的人脸检测[J].电子学报，2001，29（6）：744—747.

[58]王瑞平，陈杰，山世光，等.基于支持向量机的人脸检测训练集增强[J].软件学报，2008，19（11）：2922—2929.

[59]徐毅琼，李弼程，王波.基于隐马尔可夫模型的人脸检测与识别[J].中国图像图形学报，2003，8（21）：667—669.

[60]王丹，王文生.元数据与数据元的内涵及其应用[J].农业网络信息，2005（11）：27—30.

[61]吴显义.我国元数据研究现状分析[J].情报科学，2004，22（1）：55—58.

[62]钟其兵，陈波.中间件技术及其应用研究[J].微机发展，

2005,15(6):72—74.

[63]宋丽华,王海涛.中间件技术的现状及其发展[J].数据通信,2005(1):51—54.

[64]聂彤彤.中间件技术的发展与应用[J].中国信息导报,2005(7):59—61.

[65]尹孟嘉.基于中间件的电子商务集成系统研究[J].福建电脑,2005(6):37—38.

[66]刘绍凯.中间件在电子商务中的应用[J].电脑知识与技术,2005(3):87—88.

[67]左生龙,刘军.全球数据同步网络和产品电子代码网络的整合[J].物流技术,2005(4):78—80.

[68]张谦,陈大庆,谢华.两种自动识别技术在图书馆应用上的对比研究[J].深圳信息职业技术学院学报,2005,8(4):11—15.

[69]张谦,射频识别技术在图书馆应用的调研分析[J].图书馆论坛,2005,25(3):89—91.

[70]郎为民,靳焰,杨宗凯.ISO/IBC 的 RFID 标准化进展[J].信息技术与标准化,2005,21(10):9—13.

[71]刘斌,平锐,猛德良.RFID 的潜在问题初探[J].中国无线电,2006,12(1):39—40.

[72]周鹏,张明.浅析 RFID 射频识别与物流信息处理[J].大众科技,2006,13(3):139—140.

[73]李华.指纹识别技术在数字图书馆中的应用[J].图书馆论坛,2005,25(3):92—94.

[74]谷焕成,姚晨.RFID 技术在物流业的应用[J].物流技术与应用,2005,32(11):119—123.

[75]尼涛,杨弘,艾春安.基于 RFID 技术的车辆管理门禁系统设计[J].工业控制计算机,2005,18(9):1—2.

[76]那妍娇,冯玉珉,李兴华.基于 RFID 和指纹识别技术的查勤系统设计[J].科技信息,2006,(11):182—183.

[77]李文光,刘玉群,张雪奇.基于指纹识别和二维条码技术

的身份认证系统[J].山东轻工学院学报,2006,20(3):17－20.

[78]叶凌峡.语音识别系统中增加图像识别技术的设计[J].电子技术应用,2005(8):16－18.

[79]贺无名.语音识别技术及其研究进展[J].中国科技信息,2006(16):157－158.

[80]沈沉,林斌,汪林峰.虹膜识别技术中的图像处理[J].光学仪器,2004,26(1):44－48.

[81]何杰.潜力无限的虹膜识别技术[J].中国防伪报道,2006(10):27－31.

[82]秦霆镐,张婷婷.基于 ARM 的非接触式指纹 IC 卡一体机的设计[J].仪表技术,2006(6):11－12,15.

[83]赵晓.中国关于 IC 卡的政策[J].中国防伪报道,2006(11):17－19.